世界一わかりやすい
Photoshop
プロ技デザインの参考書

ピクセルハウス 著

技術評論社

注意 ご購入・ご利用前に必ずお読みください

本書の内容について

● 本書記載の情報は、2016年3月1日現在のものになりますので、ご利用時には変更されている場合もあります。また、ソフトウェアはバージョンアップされる場合があり、本書での説明とは機能内容や画面図などが異なってしまうこともあり得ます。本書ご購入の前に必ずソフトウェアのバージョン番号をご確認ください。

● 本書に記載された内容は、情報の提供のみを目的としています。本書の運用については、必ずお客様自身の責任と判断によって行ってください。これら情報の運用の結果について、技術評論社および著者はいかなる責任も負いかねます。

また、本書内容を超えた個別のトレーニングにあたるものについても、対応できかねます。あらかじめご承知おきください。

実習のためのサンプルファイルについて

● 本書で使用している実習のためのサンプルファイルの利用には、別途アドビシステムズ社のPhotoshop CC/CS6が必要です。

● 本書で使用した実習サンプルファイルの利用は、必ずお客様自身の責任と判断によって行ってください。これらのファイルを使用した結果生じたいかなる直接的・間接的損害も、技術評論社、著者、プログラムの開発者、ファイルの制作に関わったすべての個人と企業は、一切その責任を負いかねます。

> 以上の注意事項をご承諾いただいた上で、本書をご利用願います。これらの注意事項をお読みいただかずに、お問い合わせいただいても、技術評論社および著者は対処しかねます。あらかじめ、ご承知おきください。

Photoshop CCの動作に必要なシステム構成

【Windows】

● Intel Core2 または AMD Athlon64 プロセッサー（2 GHz以上のプロセッサー）
● Microsoft Windows 7 ServicePack1日本語版、Windows 8日本語版、Windows 8.1日本語版、またはWindows 10日本語版
● 2GB以上のRAM（8GB以上を推奨）
● 32-bit版インストール用：2GBの空き容量のあるハードディスク、64-bit版インストール用：2.1 GBの空き容量のあるハードディスク。ただし、インストール時追加の空き容量が必要（取り外し可能なフラッシュメモリを利用したストレージデバイス上にはインストール不可）
● 1024x768以上の画像解像度をサポートしているディスプレイ（1280x800以上を推奨）および16-bitカラー、512MB以上のVRAM（1GB以上を推奨、512MB未満では3D機能は無効）
● HiDPIモードのIllustratorを表示するには、モニタが1920x1080以上の解像度のサポートが必要
● OpenGL2.0対応のシステム
● 必要なソフトウェアのライセンス認証、サブスクリプションの検証およびオンラインサービスの利用には、インターネット接続および登録が必要

【Mac OS】

● Intel マルチコアプロセッサー（64-bit対応必須）
● Mac OS Xバージョン10.9、10.10または10.11
● 2GB以上のRAM（8GB以上を推奨）
● 2GB以上の空き容量のあるハードディスク。ただし、インストール時には追加の空き容量が必要（大文字と小文字が区別されるファイルシステムを使用している場合や、取り外し可能なフラッシュメモリを利用したストレージデバイス上にはインストール不可）
● 1024x768以上の画像解像度をサポートしているディスプレイ（1280x800以上を推奨）および16-bitカラー、512MB以上のVRAM（1GB以上を推奨、512MB未満では3D機能は無効）
● OpenGL2.0対応のシステム
● 必要なソフトウェアのライセンス認証、サブスクリプションの検証およびオンラインサービスの利用には、インターネット接続および登録が必要です。

Adobe Creative Cloud、Apple Mac・Mac OS X、Microsoft Windowsおよびそのほかの本文中に記載されている製品名、会社名は、すべて関係各社の商標または登録商標です。

はじめに

本書は、Adobe Photoshop CCをこれから本格的に学習する方を主な対象として、操作画面を元に作成したテクニック解説集です。

Phopshopというソフトウェアは、以前は写真画像の修正・仕上げ等に使用される代表的なツールでしたが、デジタルカメラやソフトウェアの進歩により、現在、その役割はLightroomやCamera Rawに受け継がれたといってよいでしょう。
Photoshopそのものの役割は、撮影した写真画像の修正・仕上げももちろんできますが、それより先の段階で必要となるデザイン作業での使用がメインになるはずです。
写真に限らず、イラストや漫画等の印刷物の素材作成や、Web用素材作成等々、各種デザインの現場でプロのクリエイターに信頼され、使用されているもっともポピュラーなツールのひとつといえます。

現在のPhotoshopは、初期のバージョンとは比べものにならないほどの多彩な機能が搭載されています。
そのため、はじめのうちは、ある機能が何をするために存在するのかさえわからないことが多いと思います。
また、同じことをするにも、過去に搭載されていた機能をそのまま継続した上で新規機能を追加してあるため、どちらを使ったらよいのか迷ってしまうこともあるでしょう。
さらに、操作自体に関しても、同じことをするのに複数の場所にボタンがあったり、ショートカットキーがあったりで、全部を覚えるのは大変です。

本書では初歩的な方法から、馴れてきたらよく使う方法まで、いろいろなやり方を取り上げています。自分にはどんな使い方が一番あっているか、時々確認しながら眺めてみてください。
ある程度慣れてきたら、自分なりに使いやすい機能や操作方法ができてくるでしょうから、結果に変化がないものは、自分の使いやすい方法で置き換えて進めてもかまいません。まず使ってみることが大事です。

本書が、デザインの世界に入門しようとしている方々のお役に立てれば幸いです。

2016年3月　ピクセルハウス

CONTENTS

はじめに …………………………………………………………… 003
サンプルファイルのダウンロード ………………………………… 008
本書の使い方 ……………………………………………………… 010

PART 01 選択範囲の作成テクニック …………………………… 011

- 01-01 選択範囲を拡大して線画の内側をきれいに塗りつぶす …………… 012
- 01-02 選択範囲を反転して画像の一部を切り抜く ……………………… 014
- 01-03 背景に徐々になじむように選択範囲の境界線をぼかす …………… 016
- 01-04 主体を選択するか背景を選択するか画像によって決める ………… 018
- 01-05 背景に映っている部分を焦点領域で選択して削除する …………… 020
- 01-06 複雑な領域を選択するテクニック① ……………………………… 022
- 01-07 複雑な領域を選択するテクニック② ……………………………… 024
- 01-08 全体を選択してから選択範囲を縮小して縁取りを作る …………… 026
- 01-09 何度も使う選択範囲はアルファチャンネルに保存する …………… 028

PART 02 画像の切り抜きテクニック ……………………………… 031

- 02-01 曲がった画像の角度を補正しながら部分的に切り取る …………… 032
- 02-02 輪郭がわかりやすい被写体をベクトルマスクでシャープに切り抜く … 034
- 02-03 スマートオブジェクトで画質を保持して指定サイズで切り抜く ……… 036
- 02-04 画像の一部をシェイプを使って切り抜く ………………………… 038
- 02-05 ［ノックアウト］を使いシェイプの外側を背景まで切り抜く ……… 040
- 02-06 複数レイヤーの図形からひとつの選択範囲を作成して切り抜く …… 042

PART 03 画像の変形を使ったテクニック ………………………… 045

- 03-01 パペットワープを使い花の茎を伸ばす …………………………… 046
- 03-02 ［Vanishing Point］を使い道路上にペイントする ……………… 049
- 03-03 遠近法ワープを使って文字を画像の面にマッピングする ………… 054
- 03-04 工具箱にマップした文字ごと遠近法ワープで変形する …………… 056
- 03-05 ゆがみフィルターを使い鉛筆の画像をＳ字に曲げる ……………… 060
- 03-06 ［自由変形］を使って文字を扇形に変形する …………………… 063
- 03-07 コピーを変形して被写体が反射して映り込んでいるようにする …… 066

見た目を変更する色調補正テクニック ……… 069
PART 04
- 04-01 ［特定色域の選択］を使って一部の系統色を変更する …… 070
- 04-02 いちごの白い部分を赤くする4種類の補正テクニック …… 072
- 04-03 目立たせたい部分を強調してグレースケール画像に変換する …… 076
- 04-04 花びらの色だけを赤から黄に変える …… 079
- 04-05 色調補正して撮影時の光の反射を軽減する …… 082
- 04-06 ［シャドウ・ハイライト］で画像の暗い部分を明るくする …… 084
- 04-07 効果をかけて暗くなった写真を描画モードで明るくする …… 086
- 04-08 チャンネルミキサーを使って靴の色を変える …… 088

画像の合成／加工テクニック ……… 091
PART 05
- 05-01 カンバスサイズを広げてできる余白をきれいに埋める …… 092
- 05-02 重ねて浮いた感じの画像を背面になじませて自然にする …… 096
- 05-03 テキストのスマートオブジェクト編集時にカンバスサイズを調節する …… 098
- 05-04 ［ハイパス］で画像の輪郭を抽出したモノクロ画像に変換する① …… 100
- 05-05 ［ハイパス］で画像の輪郭を抽出したモノクロ画像に変換する② …… 102
- 05-06 Photomergeを使った簡単パノラマ作成 …… 104
- 05-07 白色点を使ってスキャン画像から不要な罫線を消す …… 106
- 05-08 ブレンド条件を上手に使って背面の明るさに応じて画像を合成する …… 108

レイヤーを使ったテクニック ……… 111
PART 06
- 06-01 パターンレイヤーのパターンの色を変更する① …… 112
- 06-02 パターンレイヤーのパターンの色を変更する② …… 114
- 06-03 ファイルをレイヤーに読み込んで画像を合成する …… 117
- 06-04 パターンのつなぎ目を目立たなくす …… 120
- 06-05 グループレイヤーを使い文字の輪郭だけに影をつける …… 122
- 06-06 パターンレイヤーでパターンの開始位置を調節する …… 127
- 06-07 マスク範囲の一部だけを滑らかにするためにレイヤーを分けて調整する …… 128

レイヤーマスクを使った調整テクニック ……… 131
PART 07
- 07-01 描画モードを使うためにレイヤーマスクを背面レイヤーで流用① …… 132
- 07-02 描画モードを使うためにレイヤーマスクを背面レイヤーで流用② …… 134
- 07-03 描画モードを使うためにレイヤーマスクを背面レイヤーで流用③ …… 136
- 07-04 曇ったガラスを拭いたようにレイヤーマスクを調整する …… 138
- 07-05 レイヤーマスクに［雲模様］を使い宇宙空間の光のようにする …… 140
- 07-06 レイヤーマスクを使用して背面の画像と交差しているようにする …… 142

PART 08 — 画像の質感を変更するテクニック … 145

- 08-01 リアルな影にするためにドロップシャドウを画像として変形する ………… 146
- 08-02 影の画像を複製してリアルな接地感の影にする …………………………… 148
- 08-03 フィルターと効果を使い文字を逆光の中で浮かび上がらせる …………… 149
- 08-04 レイヤースタイルを使って図形に立体感をつける① ……………………… 152
- 08-05 レイヤースタイルを使って図形に立体感をつける② ……………………… 154
- 08-06 ドロップシャドウの二重適用でリアルな影をつける ……………………… 158
- 08-07 ［露光量］で暗くした元画像を使用して自然な影を表現する …………… 160
- 08-08 アルファチャンネルを読み込み凹凸のある［照明効果］画像を描く …… 164

PART 09 — ブラシを使った描画テクニック … 169

- 09-01 フィルターを使って簡単に夜の木のシルエットを描く …………………… 170
- 09-02 IllustratorのオブジェクトからPhotoshopのブラシを作成する ………… 172
- 09-03 オリジナルブラシを使ってクリスマスツリーのキラキラを描く ………… 174
- 09-04 ブラシを使って水滴を描く …………………………………………………… 177
- 09-05 幅1ピクセルの細いブラシを作成する ……………………………………… 180
- 09-06 ［ゆがみ］効果と指先ツールでブラシで描いた線をリアルな炎にする … 182

PART 10 — 画像の修正や修復のテクニック … 187

- 10-01 画像の一部を残したまま違和感なく変形する ……………………………… 188
- 10-02 ［コンテンツに応じる］と［ヒストリー］を使って電柱・電線を消す … 190
- 10-03 ［コンテンツに応じた移動］で画像の一部を違和感なく移動する ……… 194
- 10-04 ［パペットワープ］を使い手描き画像の描き直しを回避する …………… 196
- 10-05 ［Camara Rawフィルター］を使ってやり直し可能な修復をする ……… 198

PART 11 — カラー／グラデーション／パターンのテクニック … 201

- 11-01 グラデーションを使って被写体が目立つ背景を作成する ………………… 202
- 11-02 花のパターンで空白がなくなるように塗りつぶす ………………………… 204
- 11-03 実物の画像から色を拾ってリアルなグラデーションにする …………… 208
- 11-04 ［シャドウ（内側）］の二重適用で深みのある紅葉を表現する ………… 211
- 11-05 グラデーションを使って逆光を表現する ………………………………… 214
- 11-06 ［照明効果］を使い既存パターンから背景パターンを作成する ……… 218

文字周りのデザインテクニック ……………… 221

- 12-01 ［ベベルとエンボス］を使い砂地に文字を描く …………………… 222
- 12-02 パスの境界線を絵筆ブラシで描いて変化を出す …………………… 224
- 12-03 ［ベベルとエンボス］を適用した文字にマスクして透明にフェードさせる … 226
- 12-04 バウンディングボックスを使い文字を変形して画像の端に合わせる …… 228
- 12-05 ［ピローエンボス］でメダルに刻印したような文字にする ………… 230
- 12-06 ［置き換え］フィルターを使って地面上の文字を違和感なく変形する … 232
- 12-07 クリッピングマスクを使って文字の形で画像を切り抜く ………… 234

PART 12

作業を効率化するためのテクニック ……………… 235

- 13-01 切り抜きツールで周辺部の切り抜き範囲をほんの少しだけ動かす …… 236
- 13-02 選択範囲の点線表示が邪魔なときに一時的に非表示にする …………… 237
- 13-03 画像の細かな修正にはショートカットでマスク範囲を調整する ……… 238
- 13-04 画像の拡大・縮小はキーボードショートカットでラクラク操作 ……… 241
- 13-05 ウィンドウ表示でかんたん画像合成 ……………………………… 242
- 13-06 Bridgeを使ってファイル名を一括変更しながらコピーする ………… 244

PART 13

図形（シェイプ）やパスを使ったテクニック ……… 245

- 14-01 線画を描くためにIllustratorのパスをPhotoshopに読み込む ………… 246
- 14-02 パスで描いた図形にブラシで線を描く① …………………………… 248
- 14-03 パスで描いた図形にブラシで線を描く② …………………………… 250
- 14-04 パスで描いた線画の内側を塗る ……………………………………… 253
- 14-05 複数レイヤーのシェイプ図形を一度に選択して変形する …………… 256
- 14-06 エッジのはっきりした被写体を直線主体のパスを描画して切り抜く … 258
- 14-07 ベクトルマスクで切り抜いた画像にリアルな影をつける …………… 260
- 14-08 カスタムシェイプを変形して閃光を描く …………………………… 262

PART 14

［Camera Raw］の操作／ファイルの保存 ……… 267

- 15-01 ［Camera Raw］でRAWデータを補正してPSDデータにする ………… 268
- 15-02 JPEGファイルを［Camera Raw］で開く …………………………… 271
- 15-03 ［Camera Raw］で複数のファイルに同じ設定を適用する …………… 272
- 15-04 ［Camera Raw］で白飛びを抑えつつ画像を明るくする ……………… 274
- 15-05 CMYKモード変換と解像度変更をアクションで自動化する …………… 276
- 15-06 Web用のJPEGファイルを自動で作成するドロップレットを作る …… 280

PART 15

索引 …………………………………………………………………… 284

サンプルファイルのダウンロード

1 Webブラウザーを起動し、下記の本書Webサイトにアクセスします。

http://gihyo.jp/book/2016/978-4-7741-8010-6

2 Webサイトが表示されたら、写真右の［本書のサポートページ］のボタンをクリックしてください。

▶ **本書のサポートページ**
サンプルファイルのダウンロードや正誤表など

3 サンプルファイルのダウンロード用ページが表示されます。
すべてのサンプルファイルを一括でダウンロードするか❶、PARTごとにダウンロードするか❷を選択できます。
ダウンロードするファイルの［ID］欄に「pscccs6」、［パスワード］欄に「protecps」と入力して、［ダウンロード］ボタンをクリックします。
※文字はすべて半角で入力してください。
※大文字小文字を正確に入力してください。

4 WindowsのInternet Explorerなど、ブラウザーによっては確認ダイアログが表示されますので、［保存］をクリックします。ダウンロードが開始されます。

5 Windowsでは、パスワードを保存するかを尋ねるダイアログボックスが表示されるので、保存する場合は［はい］、保存しない場合は［いいえ］をクリックします。Macでは、保存する場合は［パスワードを保存］、保存しない場合は［今はしない］または［このWebサイトでは保存しない］をクリックします。

6 Windowsでは、「ダウンロード」フォルダーに保存されます。［フォルダーを開く］ボタンで、保存したフォルダーが開きます。Macでは、ダウンロードされたファイルは、自動的に展開されて「ダウンロード」フォルダーに保存されます。

7 Windowsでは保存されたZIPファイルを右クリックして［すべて展開］を実行すると、展開されて元のフォルダーになります。

ダウンロードの注意点

● ファイル容量が大きいため、ダウンロードには時間がかかります。ブラウザーが止まったように見えてもしばらくお待ちください。

● インターネットの通信状況によってうまくダウンロードできないことがあります。その場合はしばらく時間を置いてからお試しください。

● Macで自動展開されない場合は、ダブルクリックで展開できます。

HOW TO DOWNLOAD　サンプルファイルのダウンロード

本書で使用しているサンプルファイルは、小社Webサイトの本書専用ページより
ダウンロードできます。ダウンロードの際は、記載のIDとパスワードを入力してください。
IDとパスワードは半角の小文字で正確に入力してください。

- ダウンロードしたZIPファイルを展開すると、サンプルファイルを収録したフォルダーが現れます。
- PARTフォルダーを開くと、ファイル名の先頭に節と同じ番号が記載されています（フォルダーがあるPARTもあります）。
- 本書中の最初に、素材に利用するフォルダーとファイル名が記載されています。
- 末尾に「F」がつくのは完成見本ファイルです。正しく作業された結果として参考にしてください。

サンプルファイル利用についての注意点

● サンプルファイルの著作権は、各制作者（著者）に帰属します。これらのファイルは本書を使っての学習目的に限り、個人・法人を問わずに使用することができますが、転載や再配布などの二次利用は禁止いたします。

● サンプルファイルの提供は、あくまで本書での学習を助けるための無償サービスであり、本書の対価に含まれるものではありません。サンプルファイルのダウンロードや解凍、ご利用についてはお客様自身の責任と判断で行ってください。万一、ご利用の結果いかなる損害が生じたとしても、著者および技術評論社では一切の責任を負いかねます。

HOW TO USE　本書の使い方

本書の使い方

❶ 節
作例ごとに節に分かれています。実際の操作手順で作例を作成して学習していきます。

❷ BEFORE/AFTER
作例のスタート地点のイメージと、ゴールとなる完成イメージを確認できます。作例によっては、完成イメージだけの場合もあります。どのような作例を作成するかをイメージしてから学習しましょう。

❸ 対応バージョン
作例を作成するのに必要な機能の対応バージョンが表記されています。

❹ サンプルファイル
その作例で使用するサンプルファイルの名前を記しています。該当のファイルを開いて、操作を行います（ファイルの利用方法については、P.009を参照してください）。

❺ 小見出し
節によっては、複数の作例を作るために、小見出しで区切られたものもあります。

❻ ポイント
解説を補うためのコラムがあります。

❼ Mac用キーアサイン
Mac用のキーアサインが表記されています。

010

Easy-to-understand Reference book of Photoshop Professional Technical design

選択範囲の作成テクニック

Photoshopで画像を編集する際、もっとも重要なのは編集対象だけを選択範囲として指定することです。選択範囲の作成には、選択系ツールでドラッグする方法だけでなく、さまざまなコマンドが用意されているので、ケースによって使い分けることが重要です。選択とは地味な作業ですが、Photoshopでの作業の根幹となるテクニックです。

| PART 01 | 選択範囲の作成テクニック |

選択範囲を拡大して
線画の内側をきれいに塗りつぶす

BEFORE → AFTER

線画の内側を塗りつぶす際には、線画のぼけ足をきれいに残すために線画の線にかかる選択範囲を作成し、背面のレイヤーを塗りつぶします。

📷 PART 01 ▶ 01_01.psd

1

サンプルファイル（01_01.psd）を開きます❶。このファイルは、白地の「背景」レイヤーの前面に「レイヤー2」レイヤーと「レイヤー1」レイヤーがあり、「レイヤー1」にぼけ足のあるブラシで描いた線画があります。「レイヤー2」レイヤーは何も描いてありません❷。

❶開く

❷「レイヤー1」レイヤーに線画が描かれている

2

自動選択ツール を選択し❶、オプションバーで、[許容値]を「32」に設定し❷、[アンチエイリアス]と[隣接]がチェックされていることを確認します❸。レイヤーパネルで、「レイヤー1」を選択します❹。忘れずに、選択対象のレイヤーを選択してください。線画の内側の白い部分をクリックして選択します❺。線画の線にぼけ足があるため、やや内側に選択範囲が作成されます❻。

❶選択

❷設定　❸チェックする

❹選択

POINT

自動選択ツール

自動選択ツール は、クリックした箇所の色を同系の色の部分を自動で選択するツールです。
オプションバーの[許容値]で、選択する色の範囲を指定できます。
また、[アンチエイリアス]をオンにすると、選択範囲の境界部分が滑らかになるように選択範囲を作成できます。

❺クリック

❻選択範囲が作成された

01-01　選択範囲を拡大して線画の内側をきれいに塗りつぶす

3　［選択範囲］メニュー→［選択範囲を変更］→［拡張］を選択します❶。［選択範囲を拡張］ダイアログボックスが表示されるので、ここでは［拡張量］に「25」と入力して❷、［OK］をクリックします❸。選択範囲が指定した「25」pixel分拡張されます❹。実際には、選択範囲が線画の線にかかるように拡張量を調整してください。

4　レイヤーパネルで「レイヤー2」レイヤーを選択します❶。カラーパネルを表示し、［描画色］を「R=95 G=196 B=117」に設定します❷。［編集］メニュー→［塗りつぶし］を選択します❸。［塗りつぶし］ダイアログボックスが表示されるので、［内容］（CS6からCC2014は［使用］）に「描画色」を選択し、❹［OK］をクリックします❺。「レイヤー2」レイヤーの、選択範囲内が描画色で塗りつぶされます❻。「レイヤー1」の内側を選択した状態で塗りつぶすと、ぼけ足の境界部分がきれいに処理されませんが、背面の「レイヤー2」レイヤーを塗りつぶせば、前面の「レイヤー1」レイヤーの線のぼけ足は、きれいにそのまま残ります。

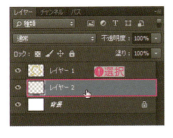  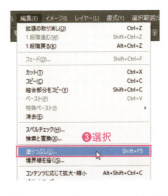

  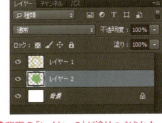

❻背面の「レイヤー2」が塗りつぶされた。「レイヤー1」のぼけ足もきれいに残る

Macでは、キーは次のようになります。　Ctrl→⌘　Alt→option　Enter→return

PART 01 | 選択範囲の作成テクニック

01-02 選択範囲を反転して画像の一部を切り抜く

BEFORE　　AFTER

選択範囲を作成する際、選択対象でない部分のほうが選択しやすいことがあります。選択範囲を反転すると、効率的に選択範囲を作成できます。

PART 01 ▶ 01_02.psd

| 1 | サンプルファイル（01_02.psd）を開きます❶。このファイルは、「レイヤー0」レイヤーに桜の画像が配置されています❷。

❶開く

❷「レイヤー0」に画像がある

POINT 背景レイヤーと通常レイヤー

デジタルカメラなどで撮影した画像を開くと、通常は「背景」レイヤーで開きます。「背景」レイヤーは、文字通り背景になるレイヤーで、不透明度を設定できません。すべての画素に色がつきます。今回の作例のように不要部分を削除して透明にする場合は、通常のレイヤーに変換して作業します。通常レイヤーへの変換は、レイヤーパネルで「背景」レイヤーのカギのアイコンをクリックします（CS6では、「背景」レイヤーをダブルクリックし、[新規レイヤー]ダイアログボックスが開くので[OK]をクリックしてください）。

| 2 | 楕円形選択ツールを選択します❶。画像の残したい部分を選択します。ここでは、画像の中央の桜の花を選択します。花の中央から[Alt]キーを押しながらドラッグします❷。[Alt]キーを押しながらドラッグすると、ドラッグの開始点が選択範囲の中央になるので、今回の作例のような花などを選択するのに便利です。

❶選択

❷[Alt]＋ドラッグ

014

01-02 選択範囲を反転して画像の一部を切り抜く

| 3 | Delete キーを押し、選択範囲を削除します❶。選択した範囲が削除されるため、残したい花の部分が削除されてしまいました❷。そこで Ctrl キーと Z キーを押して削除を取り消します❸。 |

❶ Delete キーを押す

❷選択範囲が削除されてしまった

❷ Ctrl ＋ Z で削除を取り消し

| 4 | ［選択範囲］メニュー→［選択範囲を反転］を選択します❶。選択範囲が反転し、はじめに選択した花の外側全体が選択されます❷。画像のもっとも外側の境界線にも選択範囲を表す点線が表示されることを確認してください❸。 |

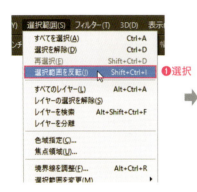

❶選択

❷選択範囲が反転した

❸境界部分にも選択範囲の波線が表示されている

POINT 選択範囲の反転のキーボードショートカット

［選択範囲の反転］のキーボードショートカットは、Shift ＋ Ctrl ＋ I です。さまざまな場面で頻繁に利用する基本テクニックなので、覚えておくとよいでしょう。

| 5 | Delete キーを押して、選択範囲を削除します❶。今度は、桜の花以外の部分がきれいに削除されました❷。 |

❶ Delete キーを押す

❷はじめに選択した花以外の部分が削除された

Macでは、キーは次のようになります。　Ctrl → ⌘　　Alt → option　　Enter → return

PART 01　選択範囲の作成テクニック

背景に徐々になじむように選択範囲の境界線をぼかす

BEFORE　　AFTER

選択範囲の境界線をぼかすと、画像の削除やマスク処理をした際に、境界部分が背面の画像と徐々になじむようになります。

📷 PART 01 ▶ 01_03.psd

1 サンプルファイル（01_03.psd）を開きます❶。このファイルは、「レイヤー1」レイヤーは白地で塗りつぶされ、「レイヤー0」レイヤーに桜の画像が配置されています❷。

❶開く

❷「レイヤー2」に画像がある

2 レイヤーパネルで、「レイヤー0」レイヤーを選択し❶、楕円形選択ツール を選択します❷。画像の残したい部分として、中央の桜の花を選択します。花の中央から Alt キーを押しながらドラッグします❸。

❶選択

❷選択

❸ Alt ＋ドラッグ

3 ［選択範囲］メニュー→［選択範囲を反転］を選択します❶。選択範囲が反転し、選択した花の外側全体が選択されます❷。

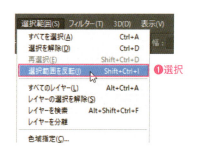
❶選択

❷選択範囲が反転した

01-03　背景に徐々になじむように選択範囲の境界線をぼかす

4 ［選択範囲］メニュー→［選択範囲を変更］→［境界をぼかす］を選択します❶。［境界をぼかす］ダイアログボックスが表示されるので、［ぼかしの半径］に「20」と入力し❷、CC 2015では「カンバスの境界に効果を適用」のチェックをつけずに❸［OK］をクリックします❹。見た目は変わりませんが、楕円形の選択範囲にぼかしが追加されています。

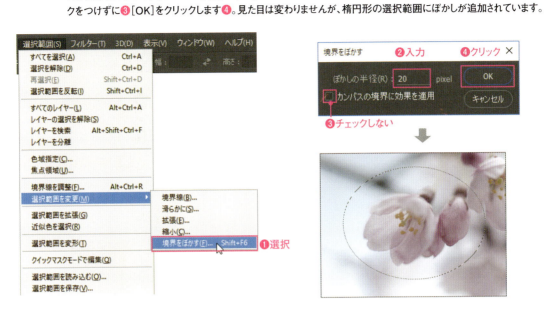

選択境界線のぼかし

選択境界線にぼかしを適用しても、見た目に変化はありません。
確認したい場合は、ツールパネルの［クイックマスクモードで編集］をクリックしてください。選択範囲は通常表示され、選択範囲外は赤くマスクされます。境界部分がぼけているのを確認できます。

クイックマスクモードを使うと、選択範囲の境界部分にぼかしが入っていることがわかる

5 Deleteキーを押して、選択範囲を削除します❶。カンバスの境界部分以外の楕円形の選択範囲にぼかしが適用されているため、花の外側は徐々に不透明になり、背面の「レイヤー1」の白地が見えるようになります❷。

❶ Delete キーを押す

❷選択範囲にぼかしが適用されているので、徐々に不透明になるように削除されます

Macでは、キーは次のようになります。　Ctrl → ⌘　　Alt → option　　Enter → return

PART 01 | 選択範囲の作成テクニック

主体を選択するか背景を選択するか画像によって決める

BEFORE　　　AFTER

 →

クイック選択ツールは、複雑な対象もきれいに選択できるツールです。周囲を選択して反転したほうが簡単そうな画像でも、目的部分も直接選択したほうが早いこともあります。

PART 01 ▶ 01_04.psd

1

サンプルファイル（01_04.psd）を開きます❶。和菓子の画像です。和菓子の部分だけを選択します。

❶開く

2

クイック選択ツール を選択します❶。和菓子の周囲部分が選択しやすそうなので、選択後に反転することにして、周囲部分をドラッグして選択を開始します❷。クイック選択ツールは、ドラッグを繰り返して選択範囲を拡張できるので、何度かドラッグして選択範囲を拡張します❸。しかし、残したい和菓子も含めて全体が選択されてしまいました❹。[選択範囲]メニュー→[選択を解除]を選択し、一度選択を解除します❺。

❶選択

❷ドラッグ

❸ドラッグ

❹全体が選択されてしまった

❺選択

POINT

Ctrlキーと Dキーを同時に押すと、選択を解除できます。よく使うキーボードショートカットなので、覚えておきましょう。

01-04 主体を選択するか背景を選択するか画像によって決める

3

今度は、選択しにくそうな和菓子部分をドラッグして選択します❶。選択範囲がはみ出ないように注意しながら、全体が選択できるまでドラッグします❷。

4

きれいに選択できたようですが、右側の一部が選択できてないようです。拡大表示して、ブラシサイズを小さくして選択範囲に含めましょう。ズームツール🔍を選択します❶。拡大したい部分をクリックして作業しやすい表示倍率に変更します❷。

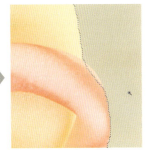

5

再度クイック選択ツール🖌を選択します❶。選択されていない部分を選択するために、ブラシサイズを変更します。［キーを押すとブラシサイズが小さくなるので、選択しやすいサイズに変更します❷。］キーを押すと大きくできます。適当なブラシサイズにしたら、ドラッグして選択範囲に追加します❸。選択範囲がはみ出てしまったら❹、Altキーを押しながらドラッグして、選択範囲から削除します❺。

6

選択できたら、［表示］メニュー→［100％］を選択し❶、全体を確認します❷。もし、同様に選択されていない部分があったら、拡大表示して選択してください。このように、一見背景部分を選択したほうが早そうな画像でも、主体となる複雑な部分を選択したほうが早い場合もあります。ほかのツールを選択したり、設定を変更する前に、選択範囲を変えてみるのもテクニックです。

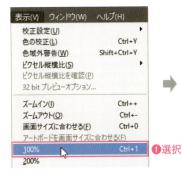

Macでは、キーは次のようになります。　Ctrl → ⌘　　Alt → option　　Enter → return

PART 01 | 選択範囲の作成テクニック

01-05 背景に映っている部分を焦点領域で選択して削除する

BEFORE → AFTER

CC2014から追加された[焦点領域で選択]コマンドを使うと、指定した焦点距離の画像だけを選択できます。選択対象と背景の焦点距離が明確な画像で、背景だけを選択するのに便利なツールです。

📷 PART 01 ▶ 01_05.psd

1 サンプルファイル（01_05.psd）を開きます❶。このファイルは、「レイヤー0」レイヤーに画像、「レイヤー1」レイヤーに白地のレイヤー、最前面に「レイヤー0のコピー」レイヤーがあります。「レイヤー0のコピー」レイヤーで、花だけを残して背景のブラインドを削除します。コピーレイヤーを使うのは、やり直しのために元画像を残しておくためです。「レイヤー1」レイヤーは花を切り抜いた際に、きれいに切り抜かれているかを確認するためのレイヤーです❷。

❶開く

❷画像のある「レイヤー0」をコピーしたレイヤーで作業する

2 ［選択範囲］メニュー→［焦点領域］を選択します❶。［焦点領域］ダイアログボックスが表示されます❷。［プレビュー］がチェックされていると、選択される範囲だけが表示されます❸。この時点で、すでに背景のブラインドは焦点外になっているため、選択外となり見えなくなっていますが、茎の内側も選択外となっています。

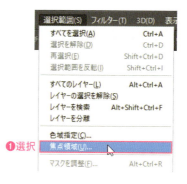

❶選択

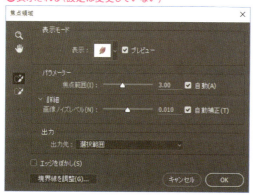

❷表示される（設定は変更していない）

❸ブラインドは選択外だが、茎の内側も選択外

01-05 背景に映っている部分を焦点領域で選択して削除する

3 ［焦点範囲］を調節して、ブラインドだけが非表示になるようにスライダーをドラッグします（ここでは「4.00」までドラッグ）❶。焦点範囲を狭めると選択範囲は狭くなり、広げると広くなります。プレビューを見ながら操作してみてください。

4 このまま［OK］を押して選択範囲を作成してもいいのですが、後から作業しやすいように選択範囲をレイヤーマスクにします。出力先のリストから［レイヤーマスク］を選択します❶。選択したら、［OK］をクリックします❷。

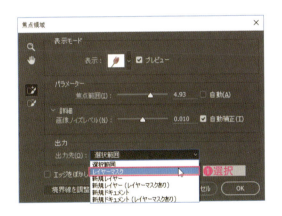
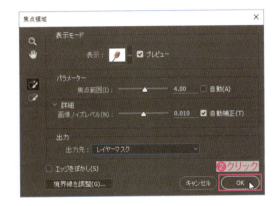

5 選択した範囲からレイヤーマスクが作成されました❶。花以外の背面はレイヤーマスクでマスクされたため非表示となり、「レイヤー1」レイヤーの白地が表示されます❷。

❶レイヤーマスクが作成された

❷背景のブラインドが非表示となった

レイヤーマスク

レイヤーを部分的に非表示にする機能。選択範囲を削除してしまうと、後から表示させたくなった際に元画像などからコピーする必要がありますが、レイヤーマスクを使うと、マスクを調節することで、非表示範囲を後から調整できるメリットがあります。

Macでは、キーは次のようになります。 Ctrl → ⌘ Alt → option Enter → return

PART 01 | 選択範囲の作成テクニック

01-06

複雑な領域を選択するテクニック①

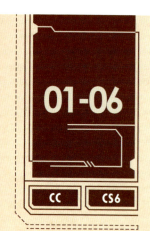

果物の断面など、選択対象が入り組んでいる場合は、マグネット選択ツールを使うとよいでしょう。選択中の修正や、後から選択範囲を追加することも可能です。

PART 01 ▶ 01_06.psd

1

サンプルファイル（01_06.psd）を開きます❶。レモンの輪郭で切り抜いた画像が「レイヤー0」レイヤーにあり、最背面には水色の「べた塗り1」レイヤーがあります。「レイヤー0のコピー」レイヤーは「レイヤー0」レイヤーのコピーレイヤーで、このレイヤーで作業します。

2

マグネット選択ツールを選択します❶。レイヤーパネルで作業する「レイヤー0のコピー」レイヤーを選択します❷。レモンの果肉の境界線にカーソルを合わせクリックします❸。マウスボタンを押さずにカーソルを境界部分に沿って動かすと、選択範囲を作成するパスとポイントが表示されるので、丁寧に境界部分をなぞります❹。

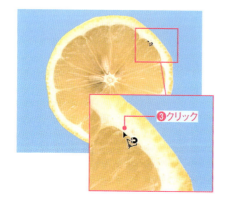
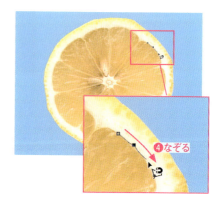

01-06 複雑な領域を選択するテクニック①

3 房と房との間の入り組んだ部分などの選択したい部分が選択されないときは❶、Delete キーを押して、直近の黒いポイントを削除して戻ります（いくつでも削除して戻れます）❷。削除したら、クリックしてポイントを作成し、正確な選択範囲を作成して行きます❸。

4 一周して選択が完了したら、開始点にカーソルを重ねてクリックします❶。パスで囲んだ領域の選択範囲が作成されます❷。ここでは、選択範囲を追加するために、最後の部分はきれいに選択されていません❸。

5 オプションバーで、[選択範囲に追加]をクリックして選択します❶。選択されなかった部分を、同じ手順で選択します❷❸。開始点をクリックすると❹、囲まれた領域が選択範囲に追加されます❺。

POINT

ダブルクリックで閉じる
マグネット選択ツール は、開始点をクリックしなくても、ダブルクリックすると、その場所と開始点が直線で結ばれて、選択範囲を作成できます。

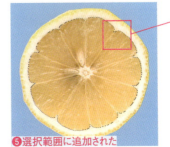

Macでは、キーは次のようになります。　Ctrl → ⌘　Alt → option　Enter → return

PART 01　選択範囲の作成テクニック

複雑な領域を選択するテクニック②

BEFORE → AFTER

各種選択ツールで作成した選択範囲では、境界部分がきれいに選択されていないこともあります。［境界線を調整］を使うと、きれいに選択できます。

PART 01 ▶ 01_07.psd

1

サンプルファイル（01_07.psd）を開きます❶。ミニトマトの画像が「レイヤー0」レイヤーにあり、その前面にホワイトの「べた塗り1」レイヤーがあります。「レイヤー0のコピー」レイヤーは「レイヤー0」レイヤーのコピーレイヤーで、このレイヤーで作業するので、クリックして選択します❷。

❶開く

❷クリック

2

クイック選択ツールを選択します❶。周囲の緑色の部分をドラッグまたはクリックして、周囲全体を選択します❷❸。

❶選択

❷ドラッグ

❸ドラッグ

3

レイヤーパネルの「レイヤーマスクを追加」をクリックします❶。レイヤーマスクが作成され、選択した範囲以外（ミニトマト）が非表示になります❷。ミニトマトの葉の先や境界が、きれいに選択できていないことがわかります❸。この部分を選択します。

❹クリック

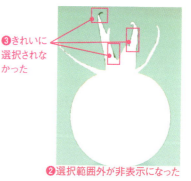
❸きれいに選択されなかった

❷選択範囲外が非表示になった

01-07 複雑な領域を選択するテクニック②

4 属性パネルを開き、[マスクの境界線]をクリックします❶。[マスクを調整]ダイアログボックスが表示されるので、半径調整ツール❷を選択します❷。マウスポインタがブラシに変わるので、非表示にならなかったミニトマトの葉の先端部分をドラッグします❸。自動で境界線と白い部分の領域が調節され、非表示になります❹。

5 同じ手順で、白い非表示の部分で表示されている箇所をドラッグして非表示にします❶❷❸。

6 非表示部分を調節した結果、白い部分がまだらに表示されてしまったので、ここもきれいに処理します。オプションバーで、ブラシサイズを小さくします（ここでは「12」）❶。Altキーを押しながら、白い部分をドラッグして、非表示にします❷❸。

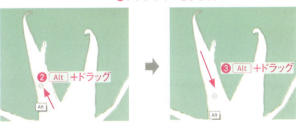

7 きれいに処理できたら[マスクを調整]ダイアログボックスの[OK]をクリックします❶。属性パネルの[反転]をクリックして❷、表示領域を反転してミニトマトを表示させます❸。葉の先まで表示されていることを確認してください❹。

Macでは、キーは次のようになります。　Ctrl → ⌘　　Alt → option　　Enter → return

PART 01 選択範囲の作成テクニック

全体を選択してから選択範囲を縮小して縁取りを作る

01-08

CC / CS6

BEFORE  → AFTER

CC2014から、全体を選択後に、選択範囲を狭められるようになりました。長方形で画像を切り抜く、基本的テクニックです。

PART 01 ▶ 01_08.psd

1 サンプルファイル（01_08.psd）を開きます❶。レイヤーパネルを見ると、「背景」レイヤーに鉢植えの画像があり、前面にブルー（不透明度50％）で塗りつぶしたレイヤーが重なっています。「レイヤー1」レイヤーを選択します❷。

❶開く

❷選択

2 ［選択範囲］メニュー→［すべてを選択］を選択し、すべての範囲を選択します❶。画像の周囲に点線が表示され、全体が選択されたことがわかります❷。

❶選択

❷画像全体が選択される

POINT

Ctrlキーと Aキーを同時に押すと、画像全体を選択できます。よく使うキーボードショートカットなので、覚えておきましょう。

01-08 全体を選択してから選択範囲を縮小して縁取りを作る

3

[選択範囲]メニュー→[選択範囲を変更]→[縮小]を選択します❶。[選択範囲を縮小]ダイアログボックスが表示されるので、[縮小量]に「100」と入力し❷、[カンバスの境界に効果を適用]にチェックして❸[OK]をクリックします❹。選択範囲が指定した「100」pixel 分縮小されます❺。

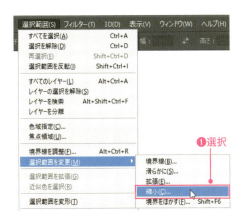

POINT　カンバスの境界に効果を適用

[選択範囲を縮小]ダイアログボックスの「カンバスの境界に境界に効果を適用」オプションは、選択範囲の、画像の一番外側の境界部分に、縮小を適用するかどうかを選択します。このオプションをオフにして縮小しても、ここでの選択範囲はすべてカンバスの境界になるため、縮小されません。

4

Deleteキーを押して、選択範囲を削除します❶。前面の「レイヤー1」の選択範囲だけが削除され、背面の画像が完全に見えるようになりました❷。

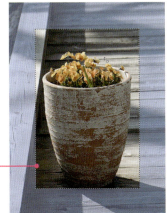

POINT　選択範囲の縮小・拡張

ここでは、[すべてを選択]コマンドで画像全体を選択しましたが、長方形選択ツール で画像を部分的に選択した場合でも有効です。[選択範囲]メニュー→[選択範囲を変更]→[拡張]を使えば、同じ手順で選択範囲を拡張できます。
なお、長方形選択ツール などの選択ツールでドラッグで選択する際、Shiftキーを押しながらドラッグすると選択範囲を追加、Altキーを押しながらドラッグすると選択範囲を消去できます。

Macでは、キーは次のようになります。　Ctrl → ⌘　　Alt → option　　Enter → return

01-09 何度も使う選択範囲は
アルファチャンネルに保存する

CC **CS6**

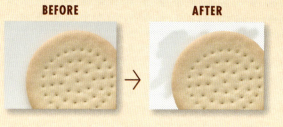

何度も利用する選択範囲は、保存しておくと便利です。レイヤーマスクから選択範囲を読み込む方法と合わせて覚えておきたいテクニックです。

📁 PART 01 ▶ 01_09.psd

1

サンプルファイル（01_09.psd）を開きます❶。ビスケットの画像が「背景」レイヤーにあります❷。

2

クイック選択ツール を選択します❶。ビスケットの内部をドラッグして、ビスケットの内部を選択します❷。

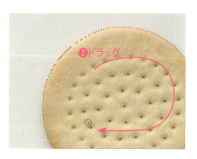

3

レイヤーパネルで、[レイヤーマスクを追加]をクリックします❶。「背景」レイヤーが「レイヤー0」レイヤーに変わり、選択範囲からレイヤーマスクが作成されます❷。選択範囲は解除され、ビスケットの外部が非表示になります❸。

01-09 何度も使う選択範囲はアルファチャンネルに保存する

4 チャンネルパネルを表示します。「レイヤー0マスク」チャンネルが作成されていることを確認します❶。このチャンネルは、「レイヤー0」レイヤーのレイヤーマスクの表示部分と非表示部分を制御するためのチャンネルで、ホワイトの部分は表示され、ブラックの部分は非表示となります。グレーの部分は、濃度に応じて半透明になります。レイヤーマスクを選択したときだけチャンネルパネルに表示されます。

アルファチャンネル
チャンネルパネルには、各カラーのチャンネルが表示されます。RGB画像なら、「レッド」チャンネル、「グリーン」チャンネル、「ブルー」チャンネルです。各チャンネルは、256諧調のグレースケール画像で、濃度が各カラーの明るさを表しています。カラーチャンネル以外のチャンネルをアルファチャンネルといい、レイヤーマスクや選択範囲の制御などに利用できます。

5 レイヤーパネルに戻り、「レイヤー0」レイヤーのレイヤーマスクサムネールを、[Ctrl]キーを押しながらクリックします❶。レイヤーマスクから、ビスケットの画像に選択範囲が作成されました❷。このように、レイヤーマスクから選択範囲を簡単に作成できます。

レイヤーマスクから選択範囲を作成
レイヤーマスクサムネールを[Ctrl]+クリックすると、マスク範囲から選択範囲を作成できます。

6 [選択範囲]メニュー→[選択範囲を保存]を選択します❶。[選択範囲を保存]ダイアログボックスが表示されるので、設定は変更せずにそのまま[OK]をクリックします❷。選択範囲は、チャンネルパネルの「アルファチャンネル1」チャンネルとして保存されます❸。

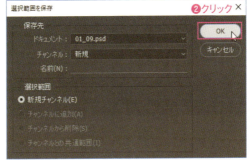

既存チャンネルへの追加や削除
[選択範囲を保存]ダイアログボックスでは、[チャンネル]に既存のチャンネルを選択すると、[選択範囲]で既存チャンネルに選択範囲を追加したり、削除することもできます。

Macでは、キーは次のようになります。　[Ctrl] → ⌘　　[Alt] → [option]　　[Enter] → [return]

7

Ctrlキーと Dキーを同時に押して、一度選択範囲を解除します❶。レイヤーパネルで、「レイヤー0」レイヤーのレイヤーマスクサムネールをクリックして選択します❷。

❶ Ctrl + D で選択解除

❷クリック

8

ブラシツール を選択します❶。［描画色と背景色を初期設定に戻す］をクリックして描画色を「ホワイト」に設定します❷。ビスケットの外側をドラッグしてみましょう❸。今まで非表示になっていたビスケットの外側が表示されるようになりました。これは、レイヤーマスクに使っている「レイヤー0マスク」チャンネルに、ホワイトの部分を塗り足して、マスク領域が変わったためです。レイヤーパネルの「レイヤー0」のレイヤーサムネールの表示も、ホワイトの範囲が広くなっていることを確認してください❹。また、チャンネルパネルの「レイヤー0マスク」チャンネルのサムネールも同様にホワイトの範囲が広がっています❺。

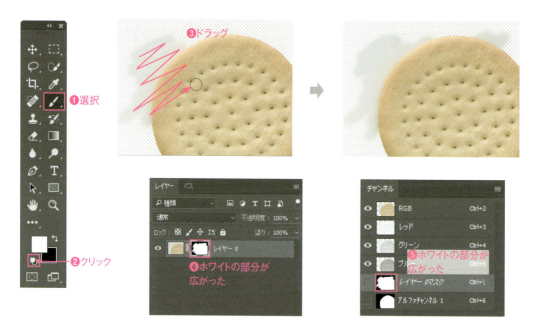

9

チャンネルパネルの「アルファチャンネル1」を Ctrl キーを押しながらクリックします❶。「アルファチャンネル1」に保存された選択範囲が作成されました❷。このように、選択範囲を保存しておくと、レイヤーマスクの表示範囲を変更してしまっても、簡単に選択範囲を作成できます。複雑な選択範囲を作成しての作業時は、選択範囲を保存しておくと選択のやり直しをせずにすみます。覚えておきたいテクニックです。

Easy-to-understand Reference book of Photoshop Professional Technical design

画像の切り抜き
テクニック

画像の一部だけを切り抜いて使うことはよくあることです。選択範囲の作成が基本となりますが、シェイプやパスを使って切り抜くこともできます。本PARTでは、画像を切り抜くためのテクニックを紹介します。

曲がった画像の角度を補正しながら部分的に切り取る

PART 02 | 画像の切り抜きテクニック

BEFORE → AFTER

画像のトリミングに使用する切り抜きツールには、角度を補正する機能があります。画像が水平でないときは、トリミング時に同時に角度を補正するとよいでしょう。

PART 02 ▶ 02_01.psd

1

サンプルファイル（02_01.psd）を開きます❶。画像は「背景」レイヤーにあります❷。

2

切り抜きツール を選択します❶。オプションバーで、[切り抜いたピクセルを削除] のチェックをオフにします❷。続いて [角度補正] のアイコンをクリックして選択します❸。マウスポインタが角度補正のカーソルに変わるので、画像上で水平がわかりやすい部分に合わせてドラッグすると❹、指定したラインが水平になるように画像が自動で回転します❺。

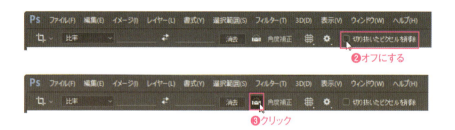

032

02-01 曲がった画像の角度を補正しながら部分的に切り取る

3 ハンドルをドラッグして、切り抜く部分を指定します❶。画像をドラッグして、切り抜き位置を調節することもできます。レイヤーパネルには、[切り抜きプレビュー]がサムネールと一緒に表示されます❷。切り抜き位置を指定したらオプションバーの[現在の切り抜き操作を確定]をクリックします❸。

4 指定した範囲で画像が切り抜かれました❶。画像のある「背景」レイヤーは、通常レイヤーに変換され「レイヤー0」レイヤーとなります❷。

5 切り抜きツール で画像をクリックすると❶、再度、切り抜き範囲を指定できるようになります❷。これは[切り抜いたピクセルを削除]のチェックをオフに設定したからです。元画像を残しながら切り抜きでき、やり直しがきくのでこのオプションを知っておくと便利です。

POINT すべての領域を表示
[イメージ]メニュー→[すべての領域を表示]を選択すると、切り抜き前のすべての領域に戻せます。角度補正をした場合は、回転後の画像となります。

POINT [切り抜いたピクセルを削除]をオン
[切り抜いたピクセルを削除]をオンにすると、周辺の画像は削除されます。やり直しするには、操作を取り消すかヒストリーパネルで戻ります。

Macでは、キーは次のようになります。　Ctrl → ⌘　　Alt → option　　Enter → return

02-02 輪郭がわかりやすい被写体をベクトルマスクでシャープに切り抜く

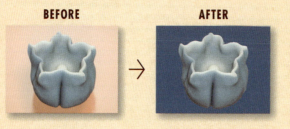

ベクトルマスクは、パスで指定した範囲で画像をマスクする方法です。ペンツールでパスを描いてもいいのですが、選択範囲から作成したほうが早いこともあります。

PART 02 ▶ 02_02.psd

1

サンプルファイル（02_02.psd）を開きます❶。レイヤーパネルを見ると「レイヤー0」レイヤーに背景がピンクの画像があり、背面には青色で塗りつぶした「べた塗り1」レイヤーがあります❷。

2

クイック選択ツール を選択します❶。レイヤーパネルで「レイヤー0」レイヤーを選択します❷。画像の内部をドラッグして、選択範囲を作成します❸。

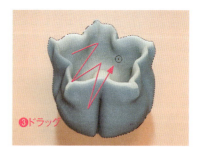

3

パスパネルを開き、[Alt]キーを押しながら［選択範囲から作業用パスを作成］をクリックします❶。［作業用パスを作成］ダイアログボックスが表示されるので、［許容値］を「1」に設定して❷、［OK］をクリックします❸。

4

選択範囲から、作業用パスが作成され、画像の境界部分にパスが表示されます❶。パスパネルには［作業用パス］が表示されます❷。［作業用パス］はそのまま選択しておきます。

> **POINT**
>
> **［許容値］**
>
> ［許容値］は、選択範囲からパスを作成する際の精度です。「0.5」から「10」の間で指定し、数値が小さいほど選択範囲に近いパスを作成できます。

5

レイヤーパネルで［レイヤーマスクを追加］をクリックします❶。続いて、同じ箇所の［ベクトルマスクを追加］をクリックします❷。

6

パスパネルで選択していたパスからマスクが作成されて画像が切り抜かれました❶。レイヤーパネルには、ベクトルマスクのサムネールに切り抜いた範囲が表示されます❷。パスパネルには［レイヤー0ベクトルマスク］パスが表示されます❸。

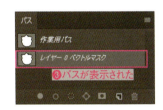

> **POINT**
>
> **ベクトルマスクのメリット**
>
> ベクトルマスクは、境界線のはっきりした画像を切り抜くのに向いています。また、マスクする範囲をパスで指定するため、パスの操作に慣れているユーザーであれば、パス選択ツールを使ってマスク範囲を細かく調節できます。

PART 02 | 画像の切り抜きテクニック

スマートオブジェクトで画質を保持して指定サイズで切り抜く

02-03

CC / CS6

切り抜きツールでは、サイズと解像度を同時に指定できます。切り抜く際、画像をスマートオブジェクトに変換しておくと、切り抜き後に編集が必要になっても元解像度のデータを編集できます。

PART02 ▶ 02_03.psd

1 サンプルファイル（02_03.psd）を開きます❶。レイヤーパネルの「背景」レイヤーを右クリックして❷、［スマートオブジェクトに変換］を選択します❸。「背景」レイヤーがスマートオブジェクトに変換され「レイヤー0」レイヤーに変わり、サムネールが変わります❹。

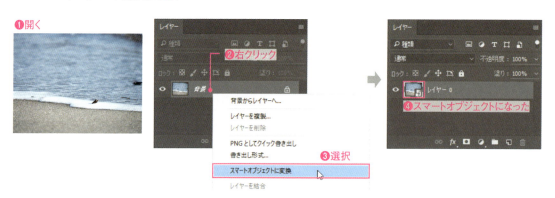

2 切り抜きツールを選択します❶。オプションバーで、プリセットに「幅×高さ×解像度」を選択します❷（CS6では［サイズと解像度］を選択後、表示されたダイアログボックスで❸〜❻を設定して［OK］をクリック）。［幅］に「800px」、［高さ］に「250px」と入力し❸❹、解像度の単位に［px/in］を選択してから❺、解像度に「300」と入力します❻。切り抜き範囲が表示されるので、右上のハンドルをドラッグして、波打ち際の石が範囲内の右中央になるようにサイズを変更してから❼、範囲内を上にドラッグして波打ち際が範囲の中央になるように位置を移動します❽。位置が決まったら、［現在の切り抜き操作を確定］をクリックして確定します❾。

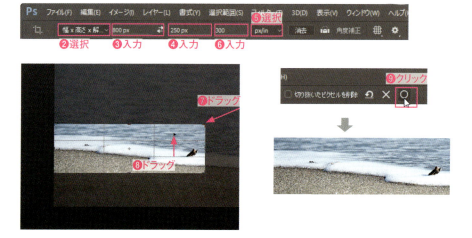

036

02-03 スマートオブジェクトで画質を保持して指定サイズで切り抜く

3 波打ち際の少し石が見える部分を、「コンテンツに応じた塗りつぶし」でレタッチしましょう。なげなわツール ◯ を選択し❶、対象部分をドラッグして囲んで選択します❷。選択したら[編集]メニュー→[塗りつぶし]を選択します。しかし、スマートオブジェクトに変換したので、選択できません❸。

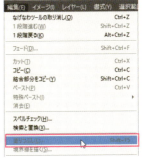

4 属性パネルの[コンテンツを編集]をクリックします（CS6では、レイヤーパネルでスマートオブジェクトのサムネールをダブルクリック）❶。別ウィンドウに「レイヤー0.psb」が表示されます❷。これは、スマートオブジェクトに変換した際に内部に保存されている元画像です。この画像をレタッチします。対象部分をドラッグして囲んで選択し❸、[編集]メニュー→[塗りつぶし]を選択します❹。

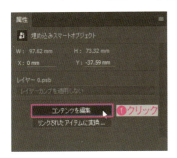

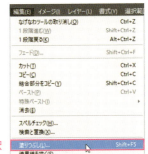

5 [塗りつぶし]ダイアログボックスが表示されるので、[内容]（CS6〜CC 2014では[使用]）を「コンテンツに応じる」に設定し❶、[OK]をクリックします❷。

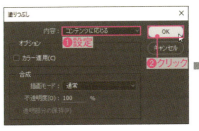

6 きれいにレタッチできたら、ウィンドウまたはタブの[×]をクリックして「レイヤー0.psb」を閉じます❶。ダイアログボックスが表示されたら[はい]をクリックします❷。切り抜いた画像の選択部分がレタッチされています❸。

> **POINT**
> スマートオブジェクトのコンテンツは、元の解像度のまま保存されています。切り抜きツールで解像度が落ちていても、元画像の解像度で編集できるので、画質の劣化を抑えられるメリットがあります。

Macでは、キーは次のようになります。　Ctrl → ⌘　Alt → option　Enter → return

PART 02 画像の切り抜きテクニック

画像の一部をシェイプを使って切り抜く

02-04

BEFORE → AFTER

画像の一部だけを切り抜くには、レイヤーマスクを使うのが一般的ですが、描画したシェイプに[前面シェイプを削除]を適用すると、シェイプの形状で切り抜きできます。シェイプなので、後から形状やサイズの修正も簡単です。

PART 02 ▶ 02_04.psd

1

サンプルファイル（02_04.psd）を開きます❶。このファイルは「レイヤー0」レイヤーにフィルターを適用した花の画像があり、前面に「楕円形1」レイヤーに楕円のシェイプが配置されています❷。

2

パスコンポーネント選択ツール を選択します❶。楕円の一部をドラッグして❷、楕円を選択します❸。

3

オプションバーの[塗り]のボックスをクリックし❶、表示されたパネルから[カラーピッカー]をクリックします❷。[カラーピッカー（塗りのカラー）]ダイアログボックスが表示されるので、「R=110 G=134 B=133」に設定して❸、[OK]をクリックします❹。楕円が塗りつぶされます❺。

4

オプションバーの［線］のボックスをクリックし❶、［なし］をクリックします❷。楕円の境界線の色がなくなります❸。

5

オプションバーの［パスの操作］をクリックし❶、表示されたメニューから［前面シェイプを削除］を選択します❷。塗りの色が反転し、楕円の内側が透明になります❸。

6

レイヤーパネルの「楕円形 1」レイヤーの文字のない部分をダブルクリックし❶、表示された［レイヤースタイル］ダイアログボックスで［境界線］をクリックして選択します❷。［サイズ］を「4」、［位置］を「内側」に設定します❸。［塗りつぶしタイプ］を「カラー」に設定し❹、カラーボックスをクリックします❺。［カラーピッカー（境界線のカラー）］ダイアログボックスが表示されるので「R=252 G=248 B=189」に設定し❻、［OK］をクリックします❼。［レイヤースタイル］ダイアログボックスに戻ったら［OK］をクリックします❽。

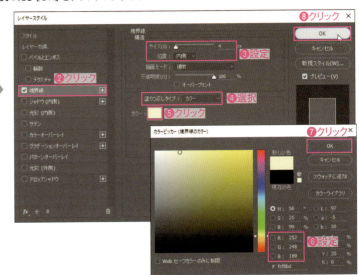

7

楕円の境界線に色がつきました❶。楕円形の外側をクリックして選択を解除します❷。レイヤーパネルには、適用した［境界線］が表示されます❸。シェイプで抜いているので、形状の変更も容易です。

Macでは、キーは次のようになります。　Ctrl → ⌘　Alt → option　Enter → return

02-05 [ノックアウト]を使いシェイプの外側を背景まで切り抜く

CC | CS6

[前面シェイプを削除]を適用したシェイプでの切り抜きで、背景に画像を表示したいときは、塗りを透明にして、[ノックアウト(抜き)]を「深い」に設定します。最背面レイヤーが通常レイヤーの場合は、背面レイヤーに変換しましょう。

PART 02 ▶ 02_05.psd

1 サンプルファイル(02_05.psd)を開きます❶。このファイルは「02-04」の完成ファイルの背面に花のレイヤーを配置したものです。「レイヤー1」レイヤーと「レイヤー0」レイヤーにフィルターを適用した花の画像があり、最前面の「楕円形1」レイヤーは、楕円のシェイプに[前面シェイプを削除]を適用して「レイヤー0」レイヤーの画像が見えるようになっています❷。

2 レイヤーパネルで、「レイヤー1」レイヤーを[新規レイヤーを作成]にドラッグしてコピーレイヤーを作ります❶。作成された「レイヤー1のコピー」レイヤーは、予備用のレイヤーで今回は使用しないので[レイヤーの表示/非表示]をクリックして非表示にしておきます❷。「レイヤー1」レイヤーを選択します❸。

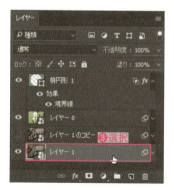

02-05 ［ノックアウト］を使いシェイプの外側を背景まで切り抜く

3 ［レイヤー］メニュー→［新規］→［レイヤーから背景へ］を選択します❶。「レイヤー1」レイヤーが、「背景」レイヤーに変わりました❷。画像の見た目に変化はありません。

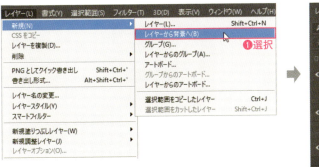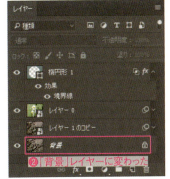

4 レイヤーパネルの「楕円形1」レイヤーの文字のない部分をダブルクリックします❶。［レイヤースタイル］ダイアログボックスが表示されるので、［塗りの不透明度］を「0」❷、［ノックアウト（抜き）］を「深い」に設定し❸、［OK］をクリックします❹。楕円の外側に、「背景」レイヤーの画像が表示されます❺。

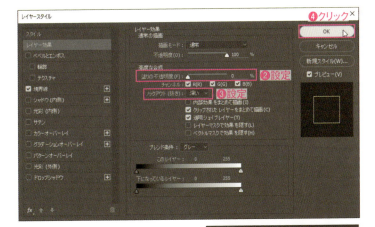

❺楕円の外側に「背景」レイヤーが表示される

POINT ［レイヤースタイル］ダイアログボックスの［ノックアウト（抜き）］を「深い」に設定すると、「背景」レイヤーの上のレイヤーまでが切り抜かれ、「背景」レイヤーが表示されます。「背景」レイヤーがない場合（今回の作例で、「レイヤー1」レイヤーを「背景」レイヤーにしなかった場合）は、一番下のレイヤーまで切り抜かれ透明部分が表示されます。

Macでは、キーは次のようになります。　Ctrl → ⌘　　Alt → option　　Enter → return

02-06 複数レイヤーの図形からひとつの選択範囲を作成して切り抜く

BEFORE  → **AFTER**

複数のレイヤーに分かれているシェイプから、ひとつの選択範囲を作成して切り抜くテクニックです。レイヤーマスクを作成して、シェイプの余分な部分も一緒に切り抜きます。

PART 02 ▶ 02_06.psd

1

サンプルファイル（02_06.psd）を開きます❶。このファイルには、白い「レイヤー0」レイヤーの上に、「角丸長方形1」「長方形1」「長方形1のコピー」「多角形1」のシェイプレイヤーがあり最前面にテキストレイヤーがあります❷。

※使用環境にフォントがない場合はTypekitからダウンロードしてください。

2

Shiftキーを押しながらクリックして、「長方形1のコピー」レイヤーと「長方形1」レイヤーを選択します❶。CtrlキーとGキーを押して❷、選択したふたつのレイヤーを「グループ1」レイヤーにグループ化します❸。

 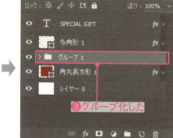

POINT

Ctrl+Gは、選択したレイヤーを含むグループレイヤーを作成するキーボードショートカットです。よく使うので覚えておきましょう。

3

「グループ1」レイヤーを展開表示し❶、「長方形1のコピー」レイヤーのサムネールをCtrlキーを押しながらクリックします❷。選択範囲が作成されます❸。

02-06 複数レイヤーの図形からひとつの選択範囲を作成して切り抜く

4

「長方形1」レイヤーのサムネイルを、Shift キーと Ctrl キーを押しながらクリックし❶、選択範囲に追加します❷。

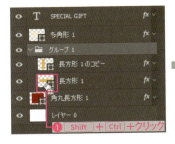

5

「角丸長方形1」レイヤーのサムネイルも、Shift キーと Ctrl キーを押しながらクリックし❶、選択範囲に追加します❷。

6

「グループ1」レイヤーが選択されていることを確認し❶、[レイヤーマスクを追加]をクリックします❷。選択範囲からレイヤーマスクが作成されます❸。

7

「長方形1のコピー」レイヤーを選択します❶。Ctrl キーと T キー([編集]メニュー→[パスの自由変形]のキーボードショートカット)を押します❷。長方形にバウンディングボックスが表示されるので、上中央のハンドルを上にドラッグして、境界線がマスク範囲の外に出るように変形します❸。同様に、下側も変形します❹。変形したら、[変形を確定]をクリックして、変形を確定します❺。外に出た部分はマスクされます。

Macでは、キーは次のようになります。　Ctrl → ⌘　　Alt → option　　Enter → return

8

「長方形1」レイヤーを選択します❶。手順7と同様に、Ctrlキーとтキー（[編集]メニュー→[パスの自由変形]のキーボードショートカット）を押します❷。長方形の左の中央のハンドルを左にドラッグして、境界線がマスク範囲の外に出るように変形します❸。同様に、右側も変形します❹。変形したら、[変形を確定]をクリックします❺。これで、ふたつの長方形の外側の境界線が、マスクされました❻。

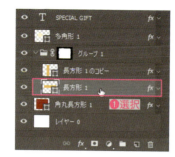
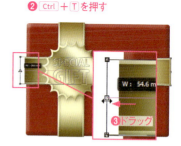

9

「グループ1」レイヤーのレイヤーマスクサムネールをCtrlキーを押しながらクリックして❶、選択範囲を作成します❷。

10

[イメージ]メニュー→[切り抜き]を選択します❶。選択範囲で切り抜かれました❷。レイヤーパネルのレイヤーマスクサムネールのマスク範囲が狭くなります❸。

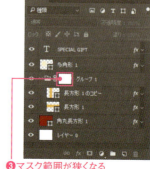

Easy-to-understand Reference book of Photoshop Professional Technical design

画像の変形を使った
テクニック

画像は小さな画素（ピクセル）の集合体ですが、さまざまな方法で図形のように変形できます。スマートオブジェクトに変換することで、元データを残した状態で変形することを心がけましょう。本PARTでは、画像の変形を使ったテクニックを紹介します。

PART 03 | 画像の変形を使ったテクニック

パペットワープを使い花の茎を伸ばす

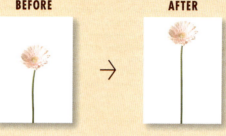

花を切り抜いた画像で、長さが足りない場合などは、パペットワープを使えば茎の部分だけを伸ばして、自然な感じで変形できます。はじめに少ないピンで調整し、後から細かく調整するのがポイントです。

PART03 ▶ 03_01.psd

1

サンプルファイル（03_01.psd）を開きます❶。このファイルには背面にホワイトの「べた塗り1」レイヤーがあり、「レイヤー0」レイヤーに型抜きした花の画像があります❷。

2

レイヤーパネルの「レイヤー0」レイヤーを選択し❶、パネルメニューを表示して❷、［スマートオブジェクトに変換］を選択します❸。「レイヤー0」レイヤーの画像がスマートオブジェクトに変換され、アイコンが変わります❹。

3

［編集］メニュー→［パペットワープ］を選択します❶。画像に、メッシュが表示されます❷。

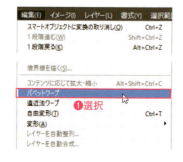

046

4 メッシュ表示された画像で、変形時に固定したい部分（ここでは、茎の両端と中央の三カ所）をクリックして調整ピンを追加します❶❷❸。

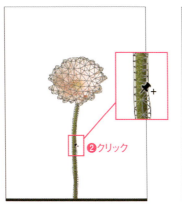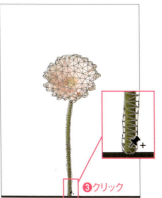

5 一番上の調整ピンを上にドラッグして茎がまっすぐになるように伸ばします❶。座標値が表示されるので、「X:25」「Y:19」あたりまでドラッグしてください❷。なお、調整ピンの位置によって、座標値は画像とは異なるので、目安としてください。

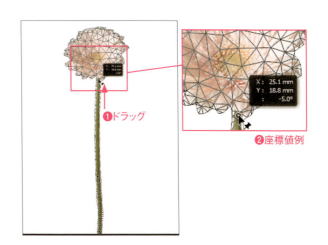

6 中央の調整ピンを、茎の中央付近まで上にドラッグします❶。中央のピンを茎の中央付近に動かすことで、伸ばした後の茎の変形結果を中央のピンの上と下で均一にします。下の調整ピンは、キャンバスの外にドラッグして、茎がキャンバスの外に伸びているようにします❷。

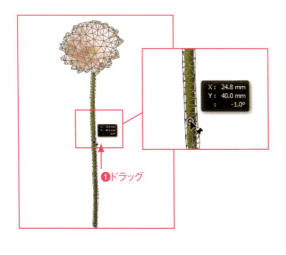

Macでは、キーは次のようになります。　Ctrl → ⌘　Alt → option　Enter → return

03-01　パペットワープを使い花の茎を伸ばす

| 7

細かく調整するために、調整ピンと調整ピンの間に、新しい調整ピンをクリックして追加します❶❷。

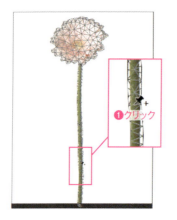

| 8

一番上の調整ピンをクリックして選択します❶。Altキーを押すと、調整ピンの周囲にハンドルが表示されるので、ドラッグして花びらが水平になるように回転させます❷。

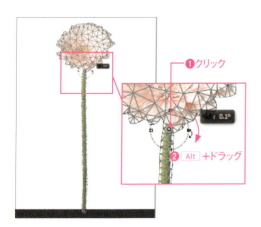

| 9

オプションバーで、[密度]を「ポイント数を増加」に設定します❶。メッシュの密度が細かくなります❷。

| 10 追加した調整ピンをドラッグして、茎がまっすぐになるようにドラッグして最後の調整をします❶❷。調整したらオプションバーの[パペットワープを確定]をクリックします❸。

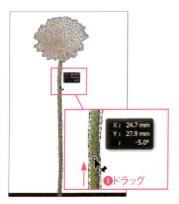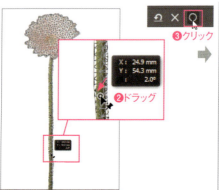

| PART 03 | 画像の変形を使ったテクニック |

[Vanishing Point]を使い道路上にペイントする

03-02

BEFORE → AFTER

[Vanishing Point]フィルターを使うと、遠近感をつけた表現が可能になります。ペイントする文字と矢印は、ラスタライズが必要なので、ひとつの画像レイヤーに変換してから、それぞれコピーするのがポイントです。

CC CS6

📁 PART03 ▶ 03_02.psd

1 サンプルファイル（03_02.psd）を開きます❶。このファイルは「背景」レイヤーに道路の画像があり、「シェイプ1」レイヤーには矢印のシェイプ、テキストレイヤーには「春」という文字が入力されています❷。文字と矢印を、道路上にペイントしたように合成していきます。

❶開く

❷レイヤー確認

※使用環境にフォントがない場合はTypekitからダウンロードしてください。

2 レイヤーパネルで、「シェイプ1」レイヤーとテキストレイヤーを Shift キーを押しながらクリックして選択します❶。選択したふたつのレイヤーを［新規レイヤーを作成］にドラッグしてコピーを作成します❷。コピーして作成されたふたつのレイヤーが選択された状態で❸、パネルメニューを表示し❹、［レイヤーを結合］を選択します❺。

❶ Shift ＋クリックで選択
❷ドラッグ

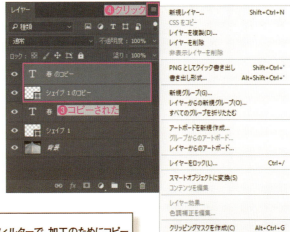

❸コピーされた
❹クリック
❺選択

POINT この後で使用する[Vanishing Point]フィルターで、加工のためにコピー＆ペーストできるのはビットマップ画像だけです。そのため、テキストやシェイプは、ラスタライズする必要があります。ここでは、［レイヤーを結合］を使い、テキストとシェイプを一度にラスタライズしています。

Macでは、キーは次のようになります。 Ctrl → ⌘ Alt → option Enter → return

049

| **3** | 選択したふたつのレイヤーから「春のコピー」レイヤーが作成されました。このレイヤーはラスタライズされた画像レイヤーとなります❶。コピー元のテキストレイヤーと「シェイプ1」レイヤーの[レイヤーの表示／非表示]をクリックして非表示にします❷。続いて、[新規レイヤーを作成]をクリックして❸、「レイヤー1」レイヤーを作成します❹。作成したら、[フィルター]メニュー→[Vanishing Point]を選択します❺。

| **4** | [Vanishing Point]ダイアログボックスが表示されます❶。面作成ツール が選択されているので❷、作業面を作成します。道路の左奥にある白線の内側をクリックしたら❸、画像の外側にマウスポインタを動かしラインが道路の左側に合うようにクリックします❹。続けてセンターラインの手前側と❺、奥側をクリックし❻、赤いラインで描いた四角形になるように面を作成します❼。

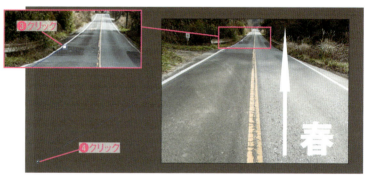

POINT

画面が大きくてポイントが作成できない場合は、ダイアログボックス左下の倍率を変更して縮小表示してください。Back spaceキーを押すと直前のポイントを削除できます。

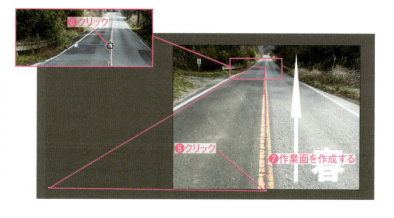

03-02 ［Vanishing Point］を使い道路上にペイントする

5

4つのポイントをクリックすると、作業面が作成されてメッシュで表示されます❶。自動で面修正ツール が選択されるので❷、メッシュの周囲に表示されたハンドルをドラッグして、形状を修正します（画像では拡大部分をドラッグしていますが、全体を見てそれぞれのハンドルをドラッグしてください。完全に同じにならなくてもかまいません）❸。赤い枠が表示された場合は、作業面として不適合状態です。メッシュが表示されるように変形してください。修正したら［OK］をクリックします❹。

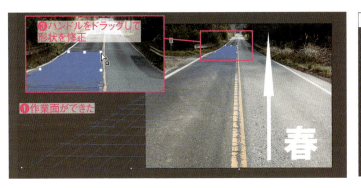

6

レイヤーパネルで、「春のコピー」レイヤーを選択します❶。長方形選択ツール を選択し❷、「春」の文字をドラッグして囲んで選択します❸。Ctrlキーと Cキーを押してコピーします❹。

7

CtrlキーとDキーを押して選択を解除します❶。レイヤーパネルで、「レイヤー1」レイヤーを選択します❷。

8

［フィルター］メニュー→［Vanishing Point］を選択します❶。［Vanishing Point］ダイアログボックスが表示されるので、CtrlキーとVキーを押してコピーしていた「春」という文字をペーストします❷。

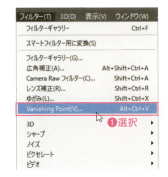

Macでは、キーは次のようになります。　Ctrl → ⌘　　Alt → option　　Enter → return

9

ペーストした「春」という文字の内部を作業面にドラッグします❶。ドラッグした文字は、遠近感を保持した状態で作業面に入ります(作業面の作り方によって、文字の形状は異なります)。

10

変形ツール を選択します❶。作業面に挿入した春という文字の周囲にハンドルが表示されるので、ドラッグして縦長になるように調節します❷。また、内部をドラッグすると位置を移動できるので、文字が道路中央になるように配置します❸。位置と形状が決まったら[OK]をクリックします❹。路面の「春」は、「レイヤー1」レイヤーに描画されます。

11

レイヤーパネルで、「春のコピー」レイヤーを選択します❶。矢印をドラッグして囲んで選択し❷、[Ctrl]キーと[C]キーを押してコピーします❸。コピーしたら[Ctrl]キーと[D]キーを押して選択を解除します❹。

03-02 ［Vanishing Point］を使い道路上にペイントする

12 レイヤーパネルで、「レイヤー1」レイヤーを選択します❶。［フィルター］メニュー→［Vanishing Point］を選択し❷、表示された［Vanishing Point］ダイアログボックスで、Ctrl キーと V キーを押して矢印をペーストします❸。

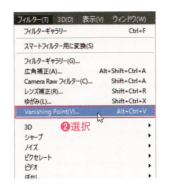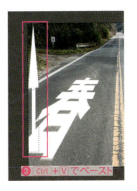

13 ペーストした矢印を作業面にドラッグして、作業面に挿入します❶。変形ツールを選択します❷。作業面に挿入した矢印の周囲にハンドルが表示されるので、ドラッグして形状を調節します❸。また、内部をドラッグして、「春」の文字の先で、道路中央になるように配置します（画面と同じにようになればいいでしょう）❹。位置と形状が決まったら［OK］をクリックします❺。

14 レイヤーパネルで、「春のコピー」レイヤーの［レイヤーの表示／非表示］をクリックして非表示にします❶。

> **POINT** ［Vanishing Point］フィルターで、合成した文字や矢印を、路面の質感になじませるには、レイヤースタイルの［ブレンド条件］を使うと簡単です。［ブレンド条件］については、「05-08」を参照ください。

Macでは、キーは次のようになります。　Ctrl → ⌘　　Alt → option　　Enter → return

PART 03 | 画像の変形を使ったテクニック

遠近法ワープを使って文字を画像の面にマッピングする

テキストを画像の平面部分にマッピングするには、[遠近法ワープ]を使うといいでしょう。後から修正できるように、スマートオブジェクトに変換してから適用します。

📂 PART03 ▶ 03_03.psd

1

サンプルファイル（03_03.psd）を開きます❶。このファイルは、ホワイトの「背景」レイヤーがあり、「レイヤー1」レイヤーには工具箱の形状で切り抜いた画像、最前面にテキストレイヤーがあります❷。テキストレイヤーの文字を工具箱の面に合わせて変形しましょう。

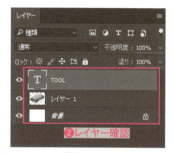

※使用環境にフォントがない場合はTypekitからダウンロードしてください。

2

レイヤーパネルのテキストレイヤーを選択し❶、パネルメニューを表示して❷、[スマートオブジェクトに変換]を選択します❸。テキストレイヤーの画像がスマートオブジェクトに変換され、アイコンが変わります❹。

3

[編集]メニュー→[遠近法ワープ]を選択します❶。[手順1/2]のヒントが表示されるので、読んでから閉じます❷。文字を囲むようにドラッグして、変形用のクアッドを作成します❸。

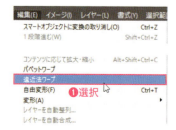

4

オプションバーで、[ワープ]を選択します❶。[手順2/2]のヒントが表示されるので、読んでから閉じます❷。右上のクアッドピンをドラッグして、工具箱の出っ張っている面の隅に合わせます(出っ張っている部分は四隅が欠けていますが、あるものとしてドラッグしてください)❸。クアッドの形状とともに文字も変形します。

5

同様に、ほかの隅のクアッドピンをドラッグして、工具箱の出っ張っている面の隅に合わせます。クアッドのラインが、出っ張っている面の線に合うように調節してください❶❷❸。

6

変形できたら、オプションバーで[遠近法ワープを確定]をクリックします❶。レイヤーパネルには、[遠近法ワープ]が表示されます❷。

Macでは、キーは次のようになります。　Ctrl → ⌘　Alt → option　Enter → return

PART 03 画像の変形を使ったテクニック

03-04 工具箱にマップした文字ごと遠近法ワープで変形する

BEFORE  → AFTER

遠近法ワープを適用したスマートオブジェクトも含めた画像に、さらに遠近法ワープを適用するにはグループレイヤーを使います。スマートオブジェクトを使うことで、入れ子になっていても元画像を修正できます。

PART03 ▶ 03_04.psd

1

サンプルファイル（03_04.psd）を開きます❶。このファイルは、ホワイトの「背景」レイヤーがあり、「レイヤー1」レイヤーには工具箱の形状で切り抜いた画像があります。最前面のテキストレイヤーはスマートオブジェクトで、「遠近法ワープ」で画像の面に合わせて変形してます❷。この画像、文字ごと一緒に変形します。

❶開く

 ❷レイヤー確認

※使用環境にフォントがない場合はTypekitからダウンロードしてください。

2

レイヤーパネルで、テキストレイヤーと「レイヤー1」レイヤーを Shift キーを押しながらクリックして選択します❶。選択したら、Ctrl キーと G キーを押してグループ化します❷。「グループ1」レイヤーができるので❸、選択された状態でパネルメニューを表示して❹、[スマートオブジェクトに変換]を選択します❺。スマートオブジェクトに変換され、アイコンが変わります❻。

❶ Shift ＋クリック
❷ Ctrl ＋ G

❹クリック
❸作成される
❺選択

❻アイコンが変わった

3

「グループ1」レイヤーが選択されているのを確認し❶、[編集]メニュー→[遠近法ワープ]を選択します❷。工具箱の側面に合わせてドラッグし❸、変形用クアッドを作成します。

❶確認

❷選択

❸ドラッグ

03-04　工具箱にマップした文字ごと遠近法ワープで変形する

4 右上のクアッドピンをドラッグして、側面の右上に合わせます❶。同様に左下のクアッドピンも側面の左下に合わせます❷。クアッドのラインが、側面に合うように調節してください。

5 新しいクアッド面を作成するために、すでに作成したクアッド面の合わせたいラインに近づけるようにドラッグします❶。青いラインが表示され、そのラインは自動で完全に重なってクアッド面が作成されます❷。メッセージが表示された場合は無視してください。クアッド面が作成されたら、ほかのふたつの隅のクアッドピンをドラッグして、工具箱の面に合わせるようにドラッグします❸❹。

6 取っ手のある面のクアッド面も同様にドラッグして作成します（側面の垂直ラインと左のラインが青くなるようにドラッグします）❶。クアッド面が作成されたら、右上のクアッドピンをドラッグして、文字のある面の右上のピンに重ねます。その際、青いラインが表示され、移動後にラインが完全に重なります❷。もうひとつの隅のクアッドピンをドラッグして、工具箱の面に合わせるようにドラッグします❸。

7 オプションバーで、[ワープ]を選択します❶。クアッド面が変形用に変わるので、手前のラインを Shift キーを押しながらクリックします❷。クリックしたラインが垂直になり、それに伴い画像も変形します。遠近感が出るように、垂直にしたラインの下のクアッドピンを下にドラッグして少し伸ばします❸。

Macでは、キーは次のようになります。　Ctrl → ⌘　Alt → option　Enter → return

057

| 8 | 工具箱に奥行きが出るように、クアッドピンをドラッグして変形します❶❷❸❹。作例と一致しなくてよいので、自由に変形してください。変形したら、オプションバーで［遠近法ワープを確定］をクリックします❺。レイヤーパネルには、「遠近法ワープ」が表示されます❻。

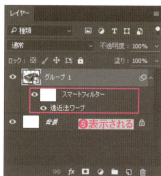

| 9 | 変形できたら、文字の色を変えましょう。レイヤーパネルで、「グループ1」レイヤーのサムネールをダブルクリックします❶。スマートオブジェクトの内容が「グループ1.psb」として別ウィンドウで開きます❷（作業環境によっては「グループ11.psb」のように名称が異なることがありますが、問題ありませんので作業を続けてください）。

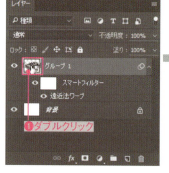
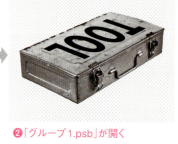

| 10 | 「グループ1.psb」のレイヤーパネルで、「グループ1」レイヤーを展開し❶、テキストレイヤーのサムネールをダブルクリックします❷。スマートオブジェクトの内容が「TOOL.psb」として別ウィンドウで開きます❸（作業環境によっては「TOOL1.psb」のように名称が異なる場合がありますが、問題ありませんので作業を続けてください）。

11 横書き文字ツール■を選択します❶。オプションバーのカラーボックスをクリックし❷、表示された[カラーピッカー（テキストカラー）]ダイアログボックスで「R=99 G=23 B=23」に設定して❸、[OK]をクリックします❹。文字色が変わったことを確認します❺。

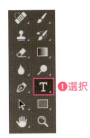

12 タブ（またはウィンドウ）の閉じるボタンをクリックします❶。保存するかの確認ダイアログボックスが表示されたら[はい]（Macでは[保存]）をクリックします❷。「グループ1.psb」の文字色も変わります❸。

13 「グループ1.psb」のレイヤーパネルで、テキストレイヤーを選択し❶、[描画モード]を[乗算]に設定します❷。文字が工具箱の面になじみます❸。

14 「グループ1.psb」のタブ（またはウィンドウ）の閉じるボタンをクリックします❶。[保存するかの確認ダイアログボックスが表示されたら[はい]（Macでは[保存]）をクリックします❷。元画像の文字色も変わっていることを確認します❸。スマートオブジェクトは入れ子になっていても、このように後から色を変更したり、描画モードを変更できます。

PART 03 | 画像の変形を使ったテクニック

03-05

ゆがみフィルターを使い鉛筆の画像をS字に曲げる

CC　CS6

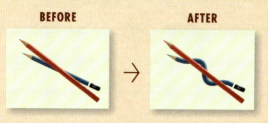

BEFORE → AFTER

ゆがみフィルターは、画像にひねり、ねじり、膨張・収縮などで変形します。作例のように現実にはあり得ない画像も作成できます。スマートオブジェクトに適用すれば、やり直しのきくスマートフィルターとして適用できるのもメリットです。

📥 PART03 ▶ 03_05.psd

1

サンプルファイル（03_05.psd）を開きます❶。このファイルには、前面にある「レイヤー1」レイヤーに青い鉛筆、「レイヤー2」レイヤーに赤い鉛筆の画像が配置され、それぞれ鉛筆の形状で切り抜かれています❷。

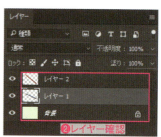

2

「レイヤー1」レイヤーを選択します❶。レイヤーパネルメニューを表示し❷、[スマートオブジェクトに変換]を選択します❸。「レイヤー1」レイヤーがスマートオブジェクトに変換され、アイコンが変わります❹。

POINT

CS6の注意
CS6では、スマートオブジェクトに[ゆがみ]フィルターを適用できないので、「レイヤー1」レイヤーをコピーし、「レイヤー1」レイヤーを非表示にして、コピーした「レイヤー1コピー」レイヤーに適用してください。

3

[フィルター]メニュー→[ゆがみ]を選択します❶。[ゆがみ]ダイアログボックスが表示されます❷。

03-05 ゆがみフィルターを使い鉛筆の画像をS字に曲げる

4 ［詳細モード］をチェックし❶、［追加レイヤーのプレビュー表示］をチェックします（それぞれチェックされていればOK）❷。赤鉛筆が表示されるので、渦ツール-（右回転）を選択し❸、［サイズ］を「400」、［密度］［筆圧］［割合］をそれぞれ「50」に設定し❹、鉛筆が交差している中央部分でマウスボタンを、赤い鉛筆の外側に出るぐらいまで押し続けて青い鉛筆をゆがませます❺。

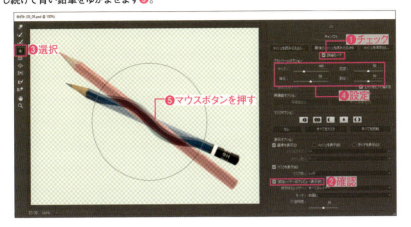

5 前方ワープツールを選択し❶、［サイズ］を「200」、［密度］を「50」、［筆圧］を「30」に設定します❷。曲がった部分を外側に膨らませるようにドラッグを繰り返して❸、作例のように青い鉛筆が完全に赤い鉛筆の外側まで曲がるようにします（完全に一致する必要はありません）。

6 膨張ツールを選択し❶、［サイズ］を「100」、［密度］と［割合］をそれぞれ「50」に設定します❷。変形して、太さがまちまちになった部分をクリックして調節します。クリックで膨張❸、Altキーを押しながらクリックすると収縮するので❹、プレビューを見ながら調節してください（完全に一致する必要はありません）。

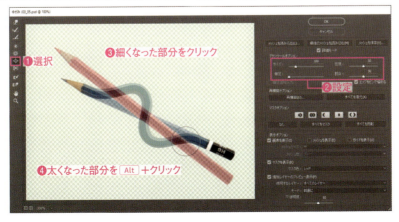

Macでは、キーは次のようになります。　Ctrl → ⌘　Alt → option　Enter → return

7 スムーズツール を選択し❶、[サイズ]を「100」、[密度]を「100」、[筆圧]を「30」、[割合]を「30」に設定します❷。曲がりが滑らかになっていない箇所をクリックして滑らかになるように調節します❸。CS6にはこのツールがないので、前述した3つのツールを使って調節してください（完全に一致する必要はありません）。

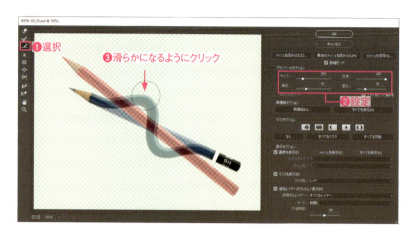

8 [再構築]をクリックします❶。[復帰再構築]ダイアログボックスが表示されるので、スライダーを左にドラッグします。ドラッグすると、画像が元の形状に戻ります。ここでは、ほんの少し戻します❷。青い鉛筆と赤い鉛筆の間に隙間ができるようにしてください❸。戻したら、[OK]をクリックします❹。プレビューを見て必要ならスムーズツール などで調節し（完全に一致する必要はありません）❺、大丈夫なら[OK]ボタンをクリックします❻。

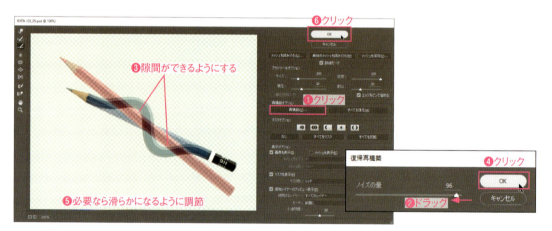

9 青い鉛筆が曲がりました❶。スマートオブジェクトに適用したので、スマートフィルターとしてレイヤーパネルに表示され、ダブルクリックして再調節できます（CS6は不可）❷。

PART 03 | 画像の変形を使ったテクニック

03-06 [自由変形]を使って文字を扇形に変形する

CC CS6

BEFORE  → AFTER

[自由変形]は、画像の形状をさまざまな形に変形できるコマンドですが、スマートオブジェクトに適用すると、変形の自由度が高まり、やり直しも可能になります。背景画像に合わせた文字の変形などに便利です。

📥 PART03 ▶ 03_06.psd

1

サンプルファイル（03_06.psd）を開きます❶。このファイルには「レイヤー1」レイヤーに葉と水滴の画像があり、前面にはシャドウ（内側）］効果が適用された同じ内容のふたつのテキストレイヤーがあります。「PS」レイヤーは予備用で非表示になっており、変形は「PSのコピー」レイヤーで行います❷。

※使用環境にフォントがない場合はTypekitからダウンロードしてください。

2

レイヤーパネルの「PSのコピー」レイヤーを選択し❶、パネルメニューを表示して❷、[スマートオブジェクトに変換]を選択します❸。「PSのコピー」レイヤーの画像がスマートオブジェクトに変換され、アイコンが変わります❹。

3

[編集]メニュー→[自由変形]（キーボードショートカットは Ctrl + T です。よく使うので覚えておきましょう）を選択します❶。画像の周りにバウンディングボックスが表示されます❷。背景の葉の曲線に合わせて、文字を変形していきます。はじめに、右上のハンドルの外側を下にドラッグして、「14.9°」回転させ、文字をラインに合わせます❸。

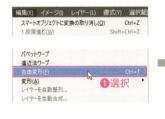  

Macでは、キーは次のようになります。　Ctrl → ⌘　Alt → option　Enter → return

03-06 ［自由変形］を使って文字を扇形に変形する

| 4 | 右上のハンドルを、Shiftキー、Altキー、Ctrlキーを同時に押しながら左に「-6.6°」までドラッグして❶、文字を台形状に変形します。続いて、中央上のハンドルを「H=26.0mm」までドラッグして短くします❷。

 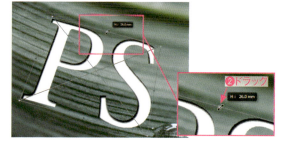

| 5 | バウンディングボックスの内部を右クリックし❶、メニューから［ワープ］を選択します❷。バウンディングボックスがメッシュ表示に変わるので、Aのポイントを少しだけ左下にドラッグします（完全に同じにならなくてもかまいません）❸。

 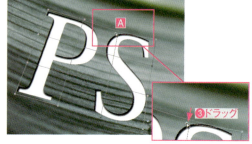

| 6 | Bのポイントを少しだけ右下にドラッグします❶。続いて、Cのポイントを少しだけ下にドラッグします❷。メッシュラインを、背景の葉のラインに合わせるように変形していきます。

| 7 | 左下のポイントを「X:3.8mm Y:33.9mm」までドラッグします❶。続いて、Dのメッシュの交点を少しだけ下にドラッグします❷。

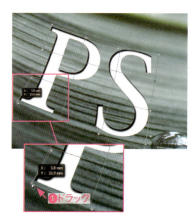 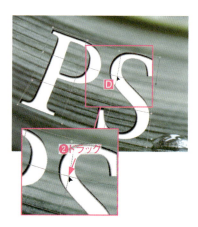

03-06 ［自由変形］を使って文字を扇形に変形する

| 8 | Eのメッシュの交点を少しだけ下にドラッグします❶。続いて、Fのメッシュの交点を少しだけ下にドラッグします❷。

| 9 | Gのメッシュの交点を少しだけ下にドラッグします❶。続いて、右上のポイントを「X:45.9mm Y:8.2mm」までドラッグします❷。

| 10 | Hのポイントを少しだけ右にドラッグします❶。続いて、Iのポイントを少しだけ左にドラッグします❷。

| 11 | オプションバーの［変形を確定］をクリックします❶。文字が葉のラインに合わせて変形されました❷。

POINT

自由変形の修正

スマートオブジェクトに変換したので、再度、［編集］メニュー→［自由変形］を選択すると、直前の変形に使用したバウンディングボックスが表示され、変形を修正ややり直しが可能です。

Macでは、キーは次のようになります。　Ctrl → ⌘　Alt → option　Enter → return

PART 03 | 画像の変形を使ったテクニック

コピーを変形して被写体が反射して映り込んでいるようにする

BEFORE → AFTER

画像が鏡面反射して映り込んでいるように加工するテクニックです。元画像を反転して変形し、レイヤーの不透明度と、レイヤーマスクの設定でフェードアウトさせます。

PART 03 ▶ 03_07.psd

1

サンプルファイル（03_07.psd）を開きます❶。このファイルには、背面にグラデーションレイヤーがあり、「レイヤー1」レイヤーに画像があり、ベクトルマスクで貝の形状で切り抜かれています❷。

❶開く

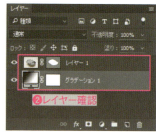

❷レイヤー確認

2

「レイヤー1」レイヤーを［新規レイヤーを作成］にドラッグして複製します❶。「レイヤー1」レイヤーを選択し❷、ベクトルマスクサムネールを右クリックして❸、［ベクトルマスクをラスタライズ］を選択します❹。レイヤーマスクに変換されるので、レイヤーマスクサムネールを右クリックし❺、［レイヤーマスクを適用］を選択し❻、レイヤーマスクの形状で画像を切り抜きます。画面の表示状態は変わりません❼。

❶ドラッグ

❷選択　❸右クリック　❹選択

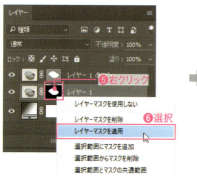

❺右クリック　❻選択

❼切り抜かれたが、画像の見た目は変わらない

3 「レイヤー1」レイヤーが選択されたまま、[編集]メニュー→[変形]→[垂直方向に反転]を選択します❶。背面に、反転した貝殻が表示されます❷。

4 移動ツール を選択します❶。「レイヤー1」レイヤーの画像を Shift キーを押しながら下にドラッグして、画像の上端が、前面の貝の下端と接する位置に移動します❷。「レイヤー1のコピー」レイヤーが動くときは、オプションバーで[自動選択]のチェックを外してください。

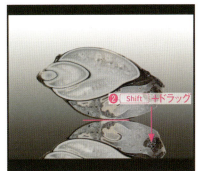

5 [編集]メニュー→[変形]→[自由な形に]を選択します❶。

6 画像の周囲にハンドルが表示されるので、下中央のハンドルを上方向にガイドに沿ってドラッグして、高さが1/3ぐらいになるように変形します❶。変形したら、オプションバーの[変形を確定]をクリックして確定します❷。

Macでは、キーは次のようになります。　Ctrl → ⌘　　Alt → option　　Enter → return

7

「レイヤー1」レイヤーが選択されているのを確認し、[レイヤーマスクを追加]をクリックします❶。レイヤーパネルには、レイヤーマスクサムネールが作成されますが❷、画像に変化はありません。

8

グラデーションツールを選択します❶。[描画色と背景色を初期設定に戻す]をクリックしてから❷、[描画色と背景色を入れ替え]クリックして❸、描画色を「ブラック」にします（はじめからブラックなら操作は不要です）。画像の下の境界部分から、貝殻の接点付近まで Shift キーを押しながらドラッグします❹。ドラッグした方向に黒から白のレイヤーマスクが作成され、貝殻が下に向けて徐々に透明になります❺。

9

レイヤーパネルで、「レイヤー1」レイヤーが選択されている状態で、[不透明度]を「60%」に設定します❶。レイヤーを半透明にすることでより自然な映り込みとなります❷。

PART 04

Easy-to-understand Reference book of Photoshop Professional Technical design

見た目を変更する
色調補正テクニック

Photoshopには、トーンカーブ、レベル補正など色調を補正するさまざまな機能があります。方法はたくさんありますが、根底にある考え方は同じです。ただし、ある程度の実践を踏まないと、感覚的にわからないことも事実です。本PARTで紹介するテクニックを通じて、色調補正のポイントをつかんでください。

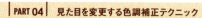

04-01

CC　CS6

[特定色域の選択]を使って一部の系統色を変更する

BEFORE → AFTER

画像の一部の系統の色だけを変更したい場合、[特定色域の選択]を使いましょう。変えたい色を指定できるため色の調整のしやすいのが特徴です。ここでは瓶の中身の赤を緑に変更してみましょう。

📥 PART 04 ▶ 04_01.psd

1

サンプルファイル（04_01.psd）を開きます❶。赤インクのボトルの画像です。「レイヤー0のコピー」レイヤーは「レイヤー0」レイヤーのコピーレイヤーで、このレイヤーで作業します。レイヤーパネルでクリックして選択します❷。

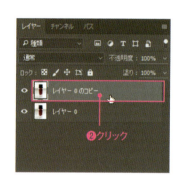

2

[イメージ]メニュー→[色調補正]→[特定色域の選択]を選択して❶、[特定色域の選択]ダイアログボックスを開きます。[カラー]で、調整したいターゲットの色を指定します。ここでは、赤を変更するので[レッド系]を選択します❷。選択方式では[絶対値]を選択します❸。緑に色を変えるので、緑の要素である[シアン]のスライダーを「+100」にドラッグします❹。

04-01 ［特定色域の選択］を使って一部の系統色を変更する

3

同様に、赤を弱めるように赤の要素にある［マゼンタ］と［イエロー］のスライダーを「-100」にドラッグし❶❷、［ブラック］は「+100」にドラッグします❸。

4

［カラー］で、調整したいターゲットの色を、赤系の［マゼンタ系］に変更します❶。変更したら［シアン］のスライダーを「+100」にドラッグします❷。徐々に、瓶の中身が青みを帯びてきました。

5

同様に、赤を弱めるように赤の要素にある［マゼンタ］のスライダーを「-100」にドラッグし❶。［イエロー］［ブラック］は「+100」にドラッグします❷❸。瓶の中身が緑になったので、［OK］をクリックします❹。

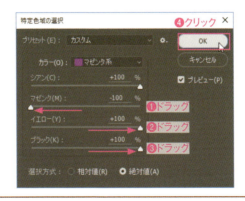

POINT ターゲットカラーに応じて調整する

［特定色域の選択］では、［カラー］で指定した系統の色のピクセルに、スライダーで指定した色を強めたり弱めたりして色を調整します。
ここでは、瓶の内容の赤を変更するために、［カラー］の「レッド系」と「マゼンタ系」を使って調整しました。その際、選択したカラーを弱めるようにして（［レッド系］なら「マゼンタ」と「イエロー」、［マゼンタ系］なら［マゼンタ］）、他の色を強めると劇的に色を変更できます。

POINT ［相対値］と［絶対値］

調整される色の量が［相対値］よりも［絶対値］のほうが多いため、色の変化が大きくなります。対象となる画像によって、変更してください。

Macでは、キーは次のようになります。　Ctrl → ⌘　　Alt → option　　Enter → return

PART 04 | 見た目を変更する色調補正テクニック

04-02

いちごの白い部分を赤くする 4種類の補正テクニック

CC　CS6

BEFORE → AFTER

Photoshopには、色調補正の方法がいくつもあります。ここでは、代表的な4つの方法での補正例を紹介します。操作は異なりますが、補正の理屈は同じです。補正の基礎テクニックとなります。

PART04 ▶ 04_02.psd

[カラーバランス]で補正

1

サンプルファイル（04_02.psd）を開きます❶。「タネ」レイヤーはタネの部分がレイヤーマスクで切り抜いてあります❷。「果肉」レイヤーには白い部分がマスク範囲に設定されています❸。また、「カラーバランス1」「トーンカーブ1」「レベル補正1」「チャンネルミキサー1」の4つの調整レイヤーが「果肉」レイヤーだけに適用されるようクリッピングされており、「カラーバランス1」レイヤーだけが適用されています❹。「背景」レイヤーはヘただけが表示されます❺。

❶開く

❷確認　❹確認　❸確認　❺確認

2

属性パネルで、[階調]が「中間調」のまま、[マゼンタ-グリーン]のスライダーを一番左にドラッグして「-100」とします❶。グリーンチャンネルが暗くなって、マゼンタ色になります❷（「POINT」の図を参照。「R」と「B」が混ざるとマゼンタになります）。

❶ドラッグ

❷マゼンタ色になる

POINT

色調補正の基礎知識

RGBモードの画像は、右図のように光の3原色である[R=レッド][G=グリーン][B=ブルー]で表現されており、混ざり合うと白に近づいて明るくなる「加法混色」です。

赤を強めたいときは、「R」の明るさを強めてもいいのですが、作例のように白い部分は「R」「G」「B」すべてが明るい状態です。赤くするには、「B」と「G」を暗くして、「R」だけが明るくなるように補正します。

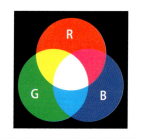

072

04-02　いちごの白い部分を赤くする4種類の補正テクニック

3 次に「イエロー-ブルー」のスライダーを一番左に動かして「-100」にします❶。かなり、白い部分が赤くなりました❷。[輝度を保持]のチェックを外します。外したほうがより自然に見えるなら、そのままにします❸（ここではチェックなしにします）。

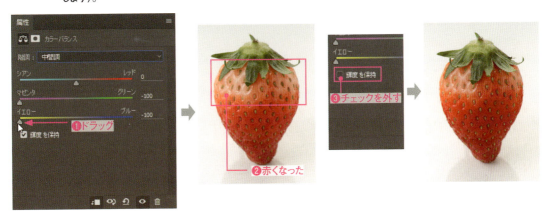

[トーンカーブ]で補正

1

「トーンカーブ1」レイヤーの[レイヤーの表示／非表示]をクリックして表示して選択します❶。ほかの調整レイヤーは、非表示にします❷。画像は、補正前の状態に戻ります。

2

属性パネルで、[グリーン]チャンネルを選択します❶。トーンカーブの中央やや右をドラッグして[入力]を「158」、[出力]を「103」ぐらいに設定します❷。トーンカーブを下に膨らませると、明るい画素が暗く補正されるので、グリーンが弱くなりマゼンタ色になります❸。

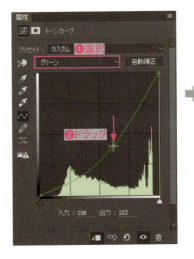

Macでは、キーは次のようになります。　Ctrl → ⌘　　Alt → option　　Enter → return

3

属性パネルで、[ブルー] チャンネルを選択します❶。トーンカーブの中央やや右をドラッグして [入力] を「160」、[出力] を「94」ぐらいに設定します❷。明るい画素が暗く補正されるので、グリーンに加えブルーも暗くなったので、白い部分が赤くなりました❸。

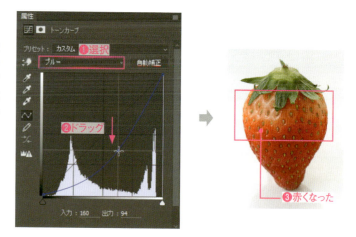

[レベル補正] で補正

1

「レベル補正1」レイヤーの [レイヤーの表示／非表示] をクリックを表示して選択します❶。ほかの調整レイヤーは非表示にします❷。画像は、補正前の状態に戻ります。

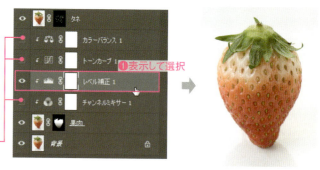

2

属性パネルで、[グリーン] チャンネルを選択します❶。中間調のスライダーを、右に「0.5」までドラッグして移動します❷。動かした位置が中間調になるため、そこから左側の画素はすべて中間調より暗くなります。グリーンチャンネルの暗い画素が増えるので、グリーンが弱くなりマゼンタ色になります❸。

3

続いて [ブルー] チャンネルを選択します❶。[グリーン] チャンネルと同様に、中間調のスライダーを、右に「0.5」までドラッグして移動します❷。グリーンに加え、ブルーも暗くなったので、白い部分が赤くなりました❸。

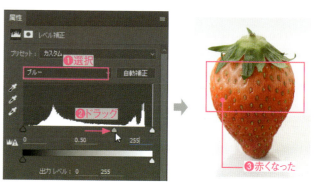

04-02 いちごの白い部分を赤くする4種類の補正テクニック

[チャンネルミキサー]で補正

1

「チャンネルミキサー 1」レイヤーの[レイヤーの表示／非表示]をクリックして表示して選択します❶。ほかの調整レイヤーは、非表示にします❷。画像は、補正前の状態に戻ります。

❷非表示にする
❶表示して選択

2

属性パネルで、出力先チャンネルを[グリーン]に設定します❶。これで、補正結果はグリーンチャンネルの画素だけになります。平行調整のスライダーを、左にドラッグし「-25」まで移動します❷。これで、グリーンチャンネルが暗くなるため、グリーンが弱くなりマゼンタ色になります❸。

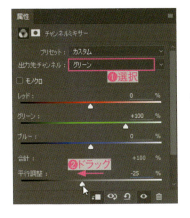
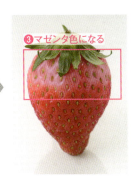

❶選択
❷ドラッグ
❸マゼンタ色になる

3

続いて[ブルー]チャンネルを選択します❶。[グリーン]チャンネルと同様に、平行調整のスライダーを、左にドラッグし「-25」まで移動します❷。これで、ブルーとグリーンが暗くなったので、白い部分が赤くなりました❸。

❶選択
❷ドラッグ
❸赤くなった

POINT

チャンネルミキサーの[平行調整]

チャンネルミキサーでは、出力先チャンネルに対して、他のカラーチャンネルを加えたり、減らしたりして色を変更する機能です。赤い部分を青く変えるなど、劇的に色を変更するのに利用します。
[平行調整]を使うと、出力先チャンネルの明るさだけを調節します。ここでは、各チャンネルのスライダーは動かさずに、[平行調整]だけを調節しているので、他の色調補正と同じような結果となっています。

| PART 04 | 見た目を変更する色調補正テクニック

04-03 目立たせたい部分を強調して グレースケール画像に変換する

CC　CS6

グレースケール画像への変換時には、単純に変換しただけでは、主体が目立たなくなることがあります。目出たせたい部分とそのほかの部分を分けて調整してから変換するテクニックを紹介します。

PART04 ▶ 04_03.psd

1

サンプルファイル（04_03.psd）を開きます❶。「背景」レイヤーに花の画像があります❷。

2

［塗りつぶしまたは調整レイヤーを新規作成］をクリックし❶、［白黒］を選択します❷。画像がグレースケールに変換されて表示されます❸。

3

追加された「白黒1」レイヤーの画像サムネールをクリックして選択します❶。属性パネルのスライダーをドラッグし、中央の花の見た目が自然になるように調整します。ここでは、花の中央部の黄色が明るくなるように［イエロー系］のスライダーを強めに設定しました❷❸。

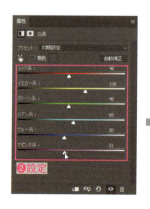

04-03　目立たせたい部分を強調してグレースケール画像に変換する

| 4 |

レイヤーパネルで、「背景」レイヤーをクリックして選択します❶。クイック選択ツールを選択し❷、花の周囲をドラッグして❸、花以外の部分を選択します❹。

| 5 |

レイヤーパネルの「白黒1」レイヤーのレイヤーマスクサムネールをクリックして選択します❶。[編集]メニュー→[塗りつぶし]を選択します❷。[塗りつぶし]ダイアログボックスが表示されるので、[内容](CS6〜CC2014では[使用])を「ブラック」に設定して❸、[OK]をクリックします❹。

| 6 |

レイヤーマスクが、花以外の部分がブラックで塗りつぶされたため、花だけに「白黒1」レイヤーの補正が適用されました❶。そのほかの部分は「背景」レイヤーの画像が表示されます❷。

| 7 |

「白黒1」レイヤーを「新規レイヤーを作成」にドラッグして❶、レイヤーのコピーを作成します❷。

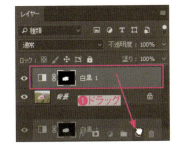

Macでは、キーは次のようになります。　[Ctrl]→[⌘]　　[Alt]→[option]　　[Enter]→[return]　　077

| 8 | Ctrlキーと Dキーを押して、選択を解除します❶。属性パネルの [マスク] をクリックして選択し❷、[反転] をクリックします❸。コピーしてできた「白黒1のコピー」レイヤーのレイヤーマスクが反転したため、花以外の部分にも同じ「白黒」補正が適用され、画像全体が白黒になります❹。

❶ Ctrl + D

❹画像全体が白黒になる

| 9 | 「白黒1のコピー」レイヤーの画像サムネールをダブルクリックします❶。今度は、花以外の部分の色調を補正します。花を明るくするために強めにしていた [イエロー系] のスライダーを左にドラッグし❷、背景を暗めにして、花が目立つように調整します❸。このように、画像全体を同じ設定で白黒にするのではなく、部分的に調節することできれいな白黒画像にできます。

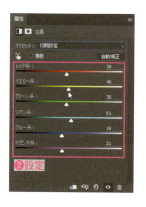

❸花が目立つようになった

| 10 | 「白黒」補正レイヤーは、見た目は白黒でもRGB画像のままなので、調整が終わったら白黒のデータに変換します。[編集] メニュー→[プロファイル変換] を選択します❶。[プロファイル変換] ダイアログボックスが表示されるので、[変換後のカラースペース] にモノクロ用のプロファイル（印刷所などから指定があったもの、ここでは「Dot Gain 15％」としています）を選択し❷、[OK] をクリックします❸。すべてのレイヤーは「背景」レイヤーに統合されます❹。

04-04 花びらの色だけを赤から黄に変える

BEFORE  → **AFTER**

色調補正の［色相・彩度］を使い、花の色を赤から黄色に変えるテクニックです。対象となる花びらが全体に赤系等なので、指定した色の範囲内で色を補正します。

📁 PART04 ▶ 04_04.psd

1 サンプルファイル（04_04.psd）を開きます❶。背面の「レイヤー0」レイヤーに花の画像があり、「レイヤー0のコピー」レイヤーは、「レイヤー0」レイヤーのコピーレイヤーで、右側の花だけがレイヤーマスクで切り抜かれています❷。

2 「レイヤー0のコピー」レイヤーを選択し❶、［塗りつぶしまたは調整レイヤーを新規作成］をクリックして❷、［色相・彩度］を選択します❸。属性パネルで をクリックし❹、画像上での操作をオンにします。「この色調補正は下のすべてのレイヤーに影響します（クリックするとレイヤーにクリップされます）」 をクリックし❺、「レイヤー0のコピー」レイヤーだけに色調補正が適用されるようにします❻。

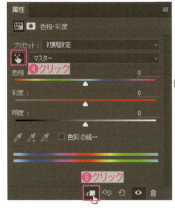
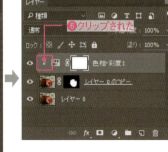

Macでは、キーは次のようになります。 Ctrl → ⌘   Alt → option   Enter → return   **079**

| 3 | 画像上にマウスカーソルを移すとスポイトになるので、花びらの赤い部分をクリックします❶。補正対象に[レッド系]が選択され❷、パネル下部のカラーバーにカラー範囲が表示されます❸。上が元の色、下が補正後の色を表し、この色調はこのカラー範囲内で補正されます。 |

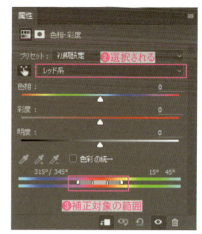

| 4 | 手順3でクリックした位置から、Ctrlキーを押しながら右にドラッグします❶。Ctrl+ドラッグは、属性パネルの[色相]と連動しており、ドラッグした方向にスライダーが動きます❷。画像の色を見ながらドラッグできるので、色が変わりすぎたら、左側にドラッグします。ここでは、花の色を黄色に変えたいので、「+53」程度に調節します❸。 |

 POINT ドラッグするときは、ドラッグを開始した位置が補正対象の範囲となります。手順3で補正対象を選択したので、その付近から開始してください。

カラーバーのカラー範囲

カラーバーは、上に元の色、下に補正後の色が表示されます。カラー範囲が指定されたときは、中央のグレーの部分が補正範囲となります❶。この範囲内では、上の色は下の色に置き換わります。補正範囲の両端のグレー部分は、補正色が徐々に適用される範囲（フォールオフ）です❷。
グレー部分や仕切り表示されるアイコンをドラッグして、補正範囲やフォールオフの範囲を調節できます。

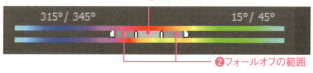

04-04　花びらの色だけを赤から黄に変える

| 5 | 色相を変更して黄色になりましたが、鮮やかさが失われしまいました。今度は手順3でクリックした位置から、右にドラッグして、「彩度」を調節します❶。通常のドラッグは、属性パネルの［彩度］と連動しており、ドラッグした方向にスライダーが動きます❷。ここでは、「＋20」程度に調節します❸。

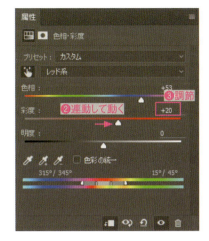

| 6 | カラーバーのカラー範囲の中央のグレー部分をドラッグして、色の変わる範囲を変更します。ドラッグして、花びら全体が黄色になる位置（「301°／330°」のあたり）に調節してください❶。

| 7 | 全体が黄色くなりましたが、若干赤い部分が残っています。一番右側のアイコンをドラッグしてフォールオフの範囲を広げ、赤が目立たなくなる位置（「0°／57°」のあたり）に調節してください❶。

Macでは、キーは次のようになります。　　Ctrl → ⌘　　Alt → option　　Enter → return

PART 04 見た目を変更する色調補正テクニック

04-05 色調補正して撮影時の光の反射を軽減する

CC　CS6

BEFORE
→

AFTER

撮影した対象には、周辺の光が映り込みます。切り抜きをして映り込みが気になる場合は、この反射を軽減するように補正しましょう。

PART 04 ▶ 04_05.psd

1 サンプルファイル（04_05.psd）を開きます❶。ミニトマトの画像が「レイヤー0」レイヤーにあり、その前面にホワイトの「べた塗り1」レイヤーがあります。「レイヤー0のコピー」レイヤーは「レイヤー0」レイヤーのコピーレイヤーで、ミニトマトだけが表示されるようにレイヤーマスクが作成されています。トマトの実の部分の色を修正するので、「レイヤー0のコピー」レイヤーを［新規レイヤーを作成］にドラッグし❷、作成された「レイヤー0のコピー 2」レイヤーを作業用レイヤーとして使用します❸。

❶開く

❷ドラッグ

❸作業用レイヤーとして使う

2 「レイヤー0のコピー 2」レイヤーのレイヤーマスクしている非表示部分は不要なので削除します。「レイヤー0のコピー 2」レイヤーのレイヤーマスクサムネールを右クリックし❶、メニューから［レイヤーマスクを適用］を選択します❷。画像に変化はありませんが、「レイヤー0のコピー 2」レイヤーからはレイヤーマスクサムネールがなくなり、画像サムネールで非表示部分が透明になっていることを確認します❸。

❶右クリック　❷選択

❸確認

04-05 色調補正して撮影時の光の反射を軽減する

3

クイック選択ツール■を選択します❶。ミニトマトの実の部分をドラッグまたはクリックして、実全体を選択します❷❸。

4

レイヤーパネルの「レイヤーマスクを追加」をクリックします❶。レイヤーマスクが作成されたことを確認してください❷。画像のサムネイルをクリックして選択します❸。

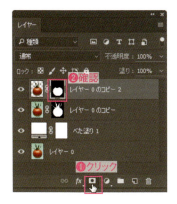

5

[イメージ]メニュー→[色調補正]→[カラーバランス]を選択します❶。[カラーバランス]ダイアログボックスが開くので、「シアン-レッド」のスライダーを、一番右までドラッグして「+100」に設定し❷、[OK]をクリックします❸。トマトの実の赤が強調されて、光の反射が軽減されました❹。

❹反射が軽減された

Macでは、キーは次のようになります。　Ctrl → ⌘　　Alt → option　　Enter → return　　083

04-06 [シャドウ・ハイライト]で画像の暗い部分を明るくする

CC　CS6

BEFORE → AFTER

画像の暗い部分がわかりにくいときには、[シャドウ・ハイライト]を使うと明るくできます。スマートオブジェクトを併用して、スマートフィルターとして使用するのがポイントです。

📷 PART04 ▶ 04_06.psd

1 サンプルファイル（04_06.psd）を開きます❶。「背景」レイヤーに松ぼっくりの画像があり、「背景のコピー」レイヤーは、「背景」レイヤーのコピーレイヤーです❷。若干暗めなので、明るさを調整しましょう。

❶開く

❷レイヤー確認

2 「背景のコピー」レイヤーを選択し❶、レイヤーパネルメニューから[スマートオブジェクトに変換]を選択します❷❸。「背景のコピー」レイヤーのサムネールが、スマートオブジェクトのアイコンに変わります❹。この後、色調補正に[シャドウ・ハイライト]を使用しますが、調整レイヤーにはない補正機能なので、スマートオブジェクトに変換します。スマートオブジェクトに変換すると、[イメージ]メニューの各種色調補正コマンドが、後から編集可能なスマートフィルターとして使えるためです。

❶選択　❷クリック　❸選択

❹サムネールが変わる

04-06 [シャドウ・ハイライト]で画像の暗い部分を明るくする

3

[イメージ]メニュー→[シャドウ・ハイライト]を選択します❶。[シャドウ・ハイライト]は、画像の暗い部分(シャドウ)を明るく、明るい部分(ハイライト)を暗くする機能です。[シャドウ・ハイライト]ダイアログボックスが開くと、すでに初期設定値でも明るくなっていますが、[シャドウ]の「量」をさらに高めて「38%」に設定します❷。そのほかは、初期設定のままで[OK]をクリックします❸。

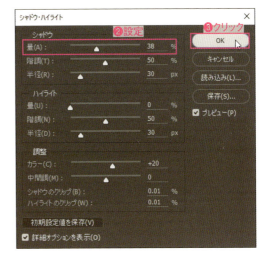

4

画像が明るくなり、松ぼっくりのかさがはっきり見えるようになりました❶。レイヤーパネルの「背景のコピー」レイヤーには、[シャドウ・ハイライト]がスマートフィルターとして表示されます❷。

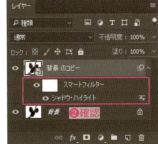

5

レイヤーパネルの[シャドウ・ハイライト]の目のアイコン◉をクリックすると❶❷、色調補正の表示／非表示を切り替えられます。クリックして補正の効果を確認してください。

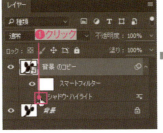

POINT

スマートフィルターの☰をクリックすると、設定ダイアログボックスが表示され、設定を変更できます。

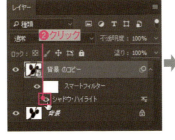

Macでは、キーは次のようになります。 Ctrl → ⌘ Alt → option Enter → return

04-07 効果をかけて暗くなった写真を描画モードで明るくする

PART 04 見た目を変更する色調補正テクニック

CC CS6

BEFORE  → AFTER

フィルターのポスタリゼーションは、写真画像をイラスト風にする頻度の高いフィルターです。適用した際に暗くなった場合、描画モードを追加すれば、明るさを変更することができます。

📂 PART 04 ▶ 04_07.psd

1

サンプルファイル（04_07.psd）を開きます❶。このファイルは「背景」レイヤーに花の画像があります❷。

❶開く

❷レイヤー確認

2

レイヤーパネルのパネルメニューを表示して❶、［スマートオブジェクトに変換］を選択します❷。画像がスマートオブジェクトに変換され、アイコンが変わります❸。レイヤーも「レイヤー0」レイヤーに変わります❹。

  ➡

❶クリック　❷選択　❸アイコンが変わった　❹レイヤー0に変わった

3

［フィルター］メニュー→［フィルターギャラリー］を選択します❶。

❶選択

086

04-07 効果をかけて暗くなった写真を描画モードで明るくする

4 ダイアログボックスが表示されるので、[アーティスティック]の[エッジのポスタリゼーション]を選択します❶。右側の設定パネルで、[エッジの太さ]を「0」、[エッジの強さ]を「1」、[ポスタリゼーション]を「0」に設定し❷、[OK]をクリックします❸。画像がイラスト風に変わりました❹。レイヤーパネルには、適用したフィルターが表示されます❺。

❹イラスト風に変わった

5 レイヤーパネルの[フィルターギャラリー]の をダブルクリックします❶。[描画オプション(フィルターギャラリー)]ダイアログボックスが表示されるので、[描画モード]に「スクリーン」を選択し❷、[OK]をクリックします❸。画像が明るくなります❹。

❹画像が明るくなった

Macでは、キーは次のようになります。　Ctrl → ⌘　　Alt → option　　Enter → return　　**087**

PART 04 | 見た目を変更する色調補正テクニック

04-08 チャンネルミキサーを使って靴の色を変える

CC / CS6

BEFORE → AFTER

チャンネルミキサーを使って靴の色を変更します。はじめにグレースケールで明るくなるように調整し、そこから「レッド」と「グリーン」を暗くして、濃い青に変更します。

📥 PART 04 ▶ 04_08.psd

1 サンプルファイル（04_08.psd）を開きます❶。このファイルは、「全体」レイヤーに靴の画像があり、その上に「チャンネルミキサー1」レイヤーと「カラー変更部分」レイヤーがあり、非表示になっています❷。

❶開く

❷レイヤー確認

2 「チャンネルミキサー1」レイヤーの［レイヤーの表示／非表示］をクリックして表示します❶。続いて、チャンネルミキサーアイコンをダブルクリックして属性パネルを表示し❷、［モノクロ］をチェックします❸。靴が金具の部分を除いてグレーに変わります❹。金具の部分は、レイヤーマスクでマスクされているので色が変わりません❺。

❶クリック
❷ダブルクリック

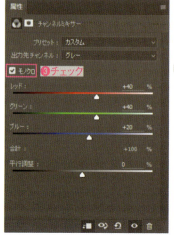
❸チェック

❹グレーに変わった
❺マスクされている

088

04-08 チャンネルミキサーを使って靴の色を変える

| 3 |「カラー変更部分」レイヤーの [レイヤーの表示／非表示] をクリックして表示します❶。このレイヤーは、「全体」レイヤーのコピーですが、レイヤーマスクによって靴の布の部分だけが表示されるようになっています❷。

❷布の部分だけが表示される

| 4 |「カラー変更部分」レイヤーを選択してから❶、[塗りつぶしまたは調整レイヤーを新規作成] をクリックし❷、表示されたメニューから [チャンネルミキサー] を選択します❸。「チャンネルミキサー2」レイヤーができるので、「カラー変更部分」レイヤーとの境界部分を [Alt] キーを押しながらクリックして❹、「カラー変更部分」レイヤーだけに適用されるようにします。

| 5 | 属性パネルの [モノクロ] をチェックします❶。靴の布の部分がグレーに変わります❷。グレーの明るさは、初期状態のモノクロなので、手順2で適用したときと同じです。

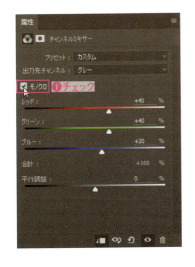 

❷布の部分がグレーになった

Macでは、キーは次のようになります。　[Ctrl] → [⌘]　[Alt] → [option]　[Enter] → [return]　**089**

04-08 チャンネルミキサーを使って靴の色を変える

6

［平行調整］を右にドラッグするか数値入力して「+15」に設定します❶。布の部分のグレーが明るくなります❷。

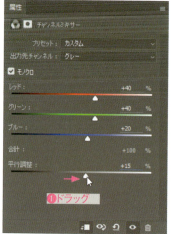

❷布のグレーが明るくなった

7

［モノクロ］のチェックを外し❶、［出力先チャンネル］を「レッド」に変更します❷。［平行調整］を左にドラッグするか数値入力して「0」に設定します❸。布の部分が濃い緑になります❹。

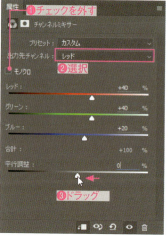

❹布が濃い緑になった

POINT

手順6の平行調整で「グレー」で「+15」まで明るくしたところから、レッドだけ元に戻したので、「グリーン」と「ブルー」が15のまま残っているので、濃い緑になります。

8

［出力先チャンネル］を「グリーン」に変更します❶。［平行調整］を左にドラッグするか数値入力して「+5」に設定します❷。布の部分が濃い青になります❸。

❸布が濃い青になった

POINT

さらに「グリーン」を「+5」まで下げたので、残っているブルーとの掛け合わせた濃い青になります。

PART 05

Easy-to-understand Reference book of Photoshop Professional Technical design

画像の合成／加工テクニック

Photoshopを使えば、複数の画像を合成してひとつの画像にすることも簡単に行えます。また、カラー画像を元に、モノクロやグレースケースの線画画像に加工することもできます。本PARTでは、合成や加工時に実践的なテクニックを紹介します。

PART 05 | 画像の合成／加工テクニック

05-01

CC CS6

カンバスサイズを広げてできる余白をきれいに埋める

BEFORE　　AFTER

余白部分を「コンテンツに応じる」で塗りつぶした際に、境界線部分がはっきり目立つ場合があります。ここでは、元の画像を使って処理するテクニックを紹介します。

PART 05 ▶ 05_01.psd

1

サンプルファイル（05_01.psd）を開きます❶。このファイルには、「レイヤー0」レイヤーに画像があります❷。

2

[イメージ]メニュー→[カンバスサイズ]を選択します❶。[カンバスサイズ]ダイアログボックスが開くので、単位を「pixel」に変更します❷。「基準位置」に右中央をクリックして設定し❸、[幅]を「900」と入力して❹、[OK]をクリックします❺。画像サイズが大きくなり、画像の左側に100pixel分の余白ができました❻。

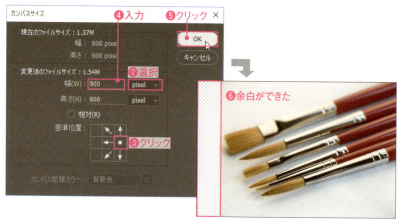

POINT　カンバスサイズの変更

カンバスサイズは、基準位置から矢印方向の拡大・縮小します。[相対]にチェックすると、基準位置から指定した値だけ追加・削除されます。

05-01　カンバスサイズを広げてできる余白をきれいに埋める

3

レイヤーパネルで「レイヤー0」レイヤーを［新規レイヤーを作成］にドラッグしてコピーを作成します❶。「レイヤー0」レイヤーの［レイヤーの表示／非表示］をクリックして非表示にします❷。

4

自動選択ツールを選択します❶。左側にできた余白部分をクリックして選択します❷❸。

5

［編集］メニュー→［塗りつぶし］を選択します❶。［塗りつぶし］ダイアログボックスが開くので、［内容］（CS6〜CC2014では［使用］）を「コンテンツに応じる」に設定し❷、［OK］をクリックします❸。余白部分がほかの画像部分に応じて塗りつぶされます❹。

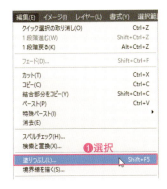

6

Ctrl キーと D キーを押して、選択を解除します❶。レイヤーパネルで［塗りつぶしまたは調整レイヤーを新規作成］をクリックして❷、メニューから［レベル補正］を選択します❸。

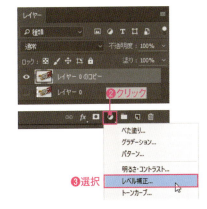

Macでは、キーは次のようになります。　Ctrl → ⌘　　Alt → option　　Enter → return

7

表示された属性パネルで、中間調のスライダーを右にドラッグし（ここでは「0.12」までドラッグ）❶、余白を塗りつぶした境い目が目立つようにします❷。これは、直接的な画像補正が目的ではなく「コンテンツに応じた」塗りつぶしで、境い目に不自然さがないかを確認するためです。ここでは、若干不自然さがあるため、元の「レイヤー0」レイヤーの画像の左部分を重ねて処理しましょう。

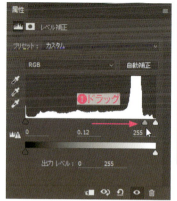

8

レイヤーパネルで、「レベル補正1」レイヤーを非表示にします❶。「レイヤー0」レイヤーを「レイヤー0のコピー」レイヤーの上にドラッグして、重ね順を変更します❷。続いて、「レイヤー0」レイヤーの［レイヤーの表示／非表示］をクリックして表示し❸、「レイヤー0のコピー」レイヤーを非表示にします❹。

9

移動ツールを選択します❶。「レイヤー0」レイヤーの画像を Shift キーを押しながら左にドラッグして、画像を左の境界線に寄せます❷。

10

なげなわツールを選択します❶。余白を埋めた境界部分が含まれるように、背景部分をドラッグして、選択範囲を作成します❷。

11

選択範囲を作成したら、レイヤーパネルの「レイヤーマスクを追加」をクリックし❶、「レイヤー0」レイヤーにレイヤーマスクを作成します。

12

「レイヤー0のコピー」レイヤーを表示します❶。「レイヤー0」レイヤーが重なって表示されますが、重なった境界部分が目立っています❷。レイヤーマスクを調節して目立たないようにします。

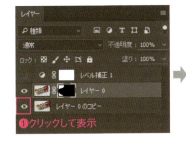 

13

「レベル補正1」レイヤーを表示します❶。「レイヤー0」レイヤーのレイヤーマスクサムネールをクリックして選択します❷。ブラシツールを選択し❸、オプションバーでブラシサムネールをクリックして❹、ブラシプリセットピッカーを表示し [直径] を「90px」[硬さ] を「0%」に設定します❺。続いて [不透明度] を「50%」に設定します❻。

  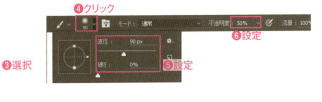

14

[描画色と背景色を初期設定に戻す] をクリックし❶、[描画色と背景色を入れ替え] をクリックして描画色を「ブラック」に設定します❷。境界部分の目立つ部分をドラッグして、目立たないようにします❸❹。

15

「レベル補正1」レイヤーを非表示にして、境界部分を確認します❶。目立つようなら、再度、レイヤーマスクを調節してください。

Macでは、キーは次のようになります。　Ctrl → ⌘　Alt → option　Enter → return

05-02

重ねて浮いた感じの画像を背面になじませて自然にする

PART 02 | 画像の合成／加工テクニック

BEFORE  → **AFTER**

レイヤーマスクを使った画像を、ほかの画像に重ねると境界部分が背面になじまないことがあります。マスクにぼかしを入れるとマスクした画像が表示されてしまうので、マスク部分を削除してからぼかしを使うときれいになじみます。

PART 05 ▶ 05_02.psd

1

サンプルファイル（05_02.psd）を開きます❶。画像は「背景」レイヤーに海面の画像があり、前面の「レイヤー1」レイヤーにビー玉の画像があり、ビー玉の形状でレイヤーマスクが作成されています❷。レイヤーマスクは、ビー玉をクイック選択ツールで選択して作成したものですが、エッジ部分が背面になじんでいません。

❶開く

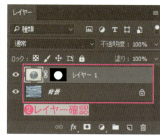

2

レイヤーマスクのエッジをぼかしてみましょう。レイヤーパネルで「レイヤー1」レイヤーのレイヤーマスクサムネールをクリックして選択し❶、属性パネルの［ぼかし］のスライダーを右側に「15.0px」までドラッグします❷。レイヤーマスクのエッジにぼかしを入れると、「レイヤー1」レイヤーの画像の元の背景（レイヤーマスクで隠れていた部分）が薄く表示されてしまい（ビー玉の周囲の白い部分）背景の海面とはなじみません❸。［ぼかし］のスライダーを左にドラッグして、元に戻します❹。

❸ビー玉の周囲に背景が出てきてしまう

05-02 重ねて浮いた感じの画像を背面になじませて自然にする

3

「レイヤー1」レイヤーの背面の画像を消去してしまいましょう。レイヤーパネルで「レイヤー1」レイヤーのレイヤーマスクサムネールを Ctrl キーを押しながらクリックし❶、選択範囲を作成します❷。

4

[選択範囲]メニュー→[選択範囲を反転]を選択します❶。ビー玉の周囲部分が選択範囲となります❷。レイヤーパネルで、「レイヤー1」レイヤーの画像マスクサムネールをクリックして、画像を編集対象にします❸。

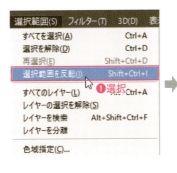  

5

Delete キーを押します❶。画面に変化はありませんが、「レイヤー1」レイヤーのビー玉の周囲部分が消去されて透明になっているのが、レイヤーパネルでわかります❷。

 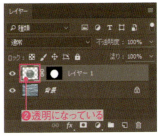

6

再度、レイヤーパネルで「レイヤー1」レイヤーのレイヤーマスクサムネールをクリックして選択し❶、属性パネルの[ぼかし]のスライダーを右側に「15.0px」までドラッグします❷。「レイヤー1」レイヤーのビー玉の背景がないので、ビー玉のエッジ部分が徐々に透明になり、背景となじむようになりました❸。

  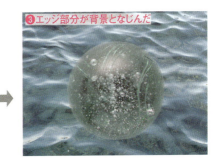

Macでは、キーは次のようになります。　Ctrl → ⌘　　Alt → option　　Enter → return

PART 05 | 画像の合成／加工テクニック

05-03 テキストのスマートオブジェクト編集時にカンバスサイズを調節する

BEFORE → AFTER

テキストレイヤーをスマートオブジェクトにしておくと、後から文字を修正できます。文字数が増えてカンバスサイズからはみ出ても、カンバスサイズを変更すれば元画像にすべての文字が反映されます。

📥 PART05 ▶ 05_03.psd

1

サンプルファイル（05_03.psd）を開きます❶。このファイルは「08-03」の完成ファイルで、「グラデーション1のコピー」レイヤーと「グラデーション1」レイヤーのふたつのグラデーションレイヤーと、「シェイプ1」レイヤーのシェイプを使い、閃光のある逆光を表現しています。最前面のテキストレイヤーは、スマートオブジェクトで［逆光］フィルターと［光彩（外側）］効果が適用されています❷。テキストレイヤーの文字を変更してみましょう。

❶開く

※使用環境にフォントがない場合はTypekitからダウンロードしてください。

❷レイヤー確認

2

レイヤーパネルで、テキストレイヤーのサムネールをダブルクリックします❶。ダイアログボックスが表示された場合は、［OK］をクリックします❷。別ウィンドウに「TEXT1.psb」というファイル名で、スマートオブジェクトの元画像が表示されます❸。

❶ダブルクリック

❷クリック

❸別ウィンドウで開く

3

横書き文字ツール🆃を選択します❶。文字を選択して、「backlight」と入力し直します❷。なお、文字数が多いので、カンバスからははみ出てすべての文字が表示されません。

❶選択

❷「backlight」と入力

098

05-03　テキストのスマートオブジェクト編集時にカンバスサイズを調節する

4

切り抜きツールを選択します❶。角のハンドルをドラッグして、文字がすべて表示されるように切り抜き範囲を広げます（すべて見えていれば、サイズは適当でかまいません）❷。広げたらオプションバーで確定ボタンをクリックします❸。

5

自動選択ツールを選択します❶。透明部分をクリックして❷、選択範囲を作成します❸。

6

［選択範囲］メニュー→［選択範囲を反転］を選択します❶。選択範囲が反転し、文字部分だけが選択されます❷。

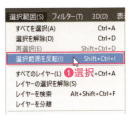

7

［イメージ］メニュー→［切り抜き］を選択します❶。文字がきっちりと収まるカンバスサイズに切り抜かれました❷。

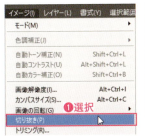

8

［ファイル］メニュー→［保存］を選択して保存します❶。元画像に戻ると、文字が変更されています❷。なお、別ウィンドウの「TEXT1.psb」は閉じてしまってかまいません。

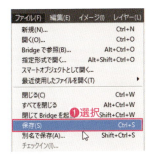

Macでは、キーは次のようになります。　[Ctrl]→[⌘]　[Alt]→[option]　[Enter]→[return]

PART 05 | 画像の合成／加工テクニック

05-04 [ハイパス]で画像の輪郭を抽出したモノクロ画像に変換する①

CC　CS6

BEFORE  → AFTER

カラー画像から、輪郭を抽出したモノクロ画像に変換するには、[ハイパス]フィルターと[2階調化]効果を使います。グレースケールの背景等を必要としたときの必須テクニックです。

PART05 ▶ 05_04.psd

1 サンプルファイル（05_04.psd）を開きます❶。このファイルには「背景」レイヤーに建物の画像があり、「レイヤー1」レイヤーには「背景」レイヤーのコピー画像があります❷。

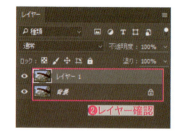

2 レイヤーパネルの「背景」レイヤーの[レイヤーの表示／非表示]をクリックして非表示にします❶。続いて、「レイヤー1」レイヤーを選択し❷、パネルメニューを表示して❸、[スマートオブジェクトに変換]を選択します❹。「レイヤー1」レイヤーのアイコンが変わります❺。

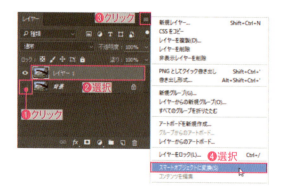

3 [フィルター]メニュー→[その他]→[ハイパス]を選択します❶。

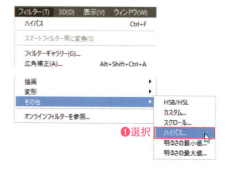

100

05-04　［ハイパス］で画像の輪郭を抽出したモノクロ画像に変換する①

4　［ハイパス］ダイアログボックスが表示されるので、［半径］を「2.0」に設定し❶、［OK］をクリックします❷。元画像の色の変化が激しい部分が輪郭線として抽出されたグレースケールの画像になります❸。適用した［ハイパス］は、スマートフィルターとして表示されます❹。

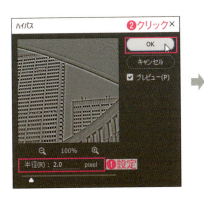

5　レイヤーパネルで［塗りつぶしまたは調整レイヤーを新規作成］を選択し❶、［2階調化］を選択します❷。グレースケールから、「ホワイト」と「ブラック」の2色の画像に変わりました❸。

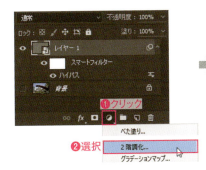

6　属性パネルで、［詳細なヒストグラムを計算］をクリックします❶。［しきい値］を「120」になるようにスライダーをドラッグして設定し、空が白くなるように調節します❷❸。

POINT

見た目はモノクロ2値ですが、実際はRGBモード画像です。モノクロ2値のデータにするには、画像を統合してから、［イメージ］メニューの［グレースケール］で変換後、［イメージ］メニューの［モノクロ2階調］で変換してください。

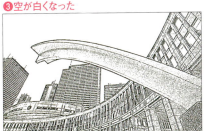

Macでは、キーは次のようになります。　Ctrl → ⌘　　Alt → option　　Enter → return

101

05-05

[ハイパス]で画像の輪郭を抽出したモノクロ画像に変換する②

「05-04」を応用すると、カラー画像から輪郭を抽出したグレースケール画像への変換も可能です。モノクロ2階調ではなく、グレースケール画像が欲しいときのテクニックです。

PART05 ▶ 05_05.psd

1

サンプルファイル（05_05.psd）を開きます❶。このファイルは「05-04」の完成ファイルです。背景に元の建物の画像があり、「レイヤー1」レイヤーは背景のコピーレイヤーで、[ハイパス]を使ってグレースケールに変換した画像を[2階調化]効果を使ってモノクロ画像に変換したものです❷。

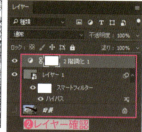

2

レイヤーパネルの「2階調化1」レイヤーの[レイヤーの表示／非表示]をクリックして非表示にします❶。[2階調化]効果が適用されなくなったので、[ハイパス]フィルターだけが適用されている状態に戻ります❷。

3

レイヤーパネルで「レイヤー1」レイヤーを[新規レイヤーを作成]にドラッグします❶。コピーとなる「レイヤー1のコピー」レイヤーが作成されるので❷、[描画モード]を[除算]に設定します❸。画像がほぼ真っ白になります❹。

4 「レイヤー1のコピー」レイヤーの「ハイパス」をダブルクリックします❶。［ハイパス］ダイアログボックスが表示されるので［半径］を「0.1」に設定し❷、［OK］をクリックします❸。元画像の輪郭線が浮き出てきます❹。

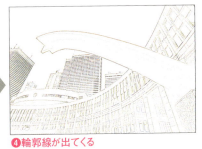

5 レイヤーパネルで［塗りつぶしまたは調整レイヤーを新規作成］を選択し❶、［白黒］を選択します❷。画像がグレースケール画像に変わりました❸。

6 属性パネルで［プリセット］に「ブラック（最大）」を選択します❶。画像のブラックの部分がはっきりしたグレースケール画像になりました❷。

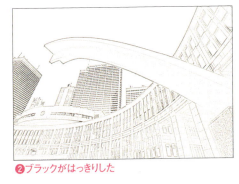

Macでは、キーは次のようになります。　Ctrl → ⌘　　Alt → option　　Enter → return

PART 05 画像の合成／加工テクニック

05-06 Photomergeを使った簡単パノラマ作成

CC CS6

AFTER

[Photomerge]を使うと、複数の写真を自動で合成したパノラマ写真を簡単に作成できます。知っていると便利なおもしろテクニックです。

PART05 ▶ 05_06 ▶ 05_06A.psd〜05_06F.psd

1 パノラマ画像の元になる6つのサンプルファイル（05_06A.psd、05_06B.psd、05_06C.psd、05_06D.psd、05_06E.psd、05_06F.psd）を開きます❶。雪山の景色の画像です。

❶開く

2 ［ファイル］メニュー→［自動処理］→［Photomerge］を選択します❶。［Photomerge］ダイアログボックスが表示されるので、［開いているファイルを追加］をクリックします❷。

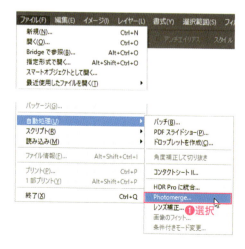
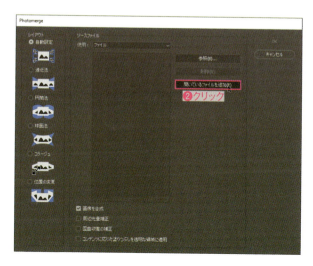

104

3

ソースファイルに、開いたサンプルファイルがすべて表示されます❶。もし、関係のないファイルが表示されたら、選択して[削除]をクリックしてリストから削除してください。[レイアウト]で「位置の変更」を選択します❷。[コンテンツに応じた塗りつぶしを透明な領域に適用]にチェックします（CC2014以前のバージョンにはこのオプションはありません）❸。[OK]をクリックすると❹、6つの写真が自動で合成されます❺。選択範囲として表示された部分は、合成時にできた隙間部分が[コンテンツに応じた塗りつぶしを透明な領域に適用]オプションにより、塗りつぶされた部分です❻。レイヤーパネルには、6つのサンプルファイルがそれぞれレイヤーに読み込まれて、レイヤーマスクされて表示されます❼。最上位には、結合された画像のレイヤーが表示されます❽。ファイルは未保存なので、保存してください。

❻選択部分は、自動で塗りつぶされた部分

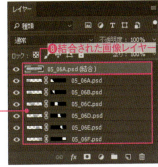
❼元画像が読み込まれ、レイヤーマスクされている

> **POINT**
> **レイアウトの選択**
> レイアウトは[自動設定]を選択してもよいのですが、周囲がゆがむことがあるのでここでは[位置を変更]を選択しています。合成する写真によって最適な設定は異なるので、設定を変えて作成してみるとよいでしょう。

> **POINT**
> **CC2014以前のバージョン**
> CC2014以前のバージョンには、[コンテンツに応じた塗りつぶしを透明な領域に適用]オプションがないため、合成してできた画像には隙間（透明部分）ができます。また、結合されたレイヤーもできません。対応としては、すべてのレイヤーを選択してレイヤーパネルメニューから[レイヤーを結合]を選択してひとつのレイヤーに結合します。その後、自動選択ツール などで透明部分を選択し、[編集]メニュー→[塗りつぶし]を選択し、[塗りつぶし]ダイアログボックスで、[使用]を「コンテンツに応じる」に設定して（[透明部分の保持]は「オフ」）塗りつぶすとよいでしょう。

CC2014以前のバージョンで作成したパノラマ画像。透明部分は手作業で処理する必要がある

Macでは、キーは次のようになります。 Ctrl → ⌘ Alt → option Enter → return

05-07 白色点を使ってスキャン画像から不要な罫線を消す

PART 05 | 画像の合成／加工テクニック

CC **CS6**

BEFORE  → AFTER

下絵として使用する手描き画像をスキャンしたり、印刷物をスキャンした際、背景にある罫線や汚れなどが邪魔なことがあります。このようなときは、レベル補正の白色点を使い、不要な部分を消すことができます。

📥 PART05 ▶ 05_07.psd

1

サンプルファイル（05_07.psd）を開きます❶。このファイルは、ノートへの手描きをスキャンしたデータが「背景」レイヤーにあります❷。手描き画像を、トレースの下絵などに利用するためには、罫線が邪魔なので、罫線を見えなくなるように処理しましょう。

❶開く

2

レイヤーパネルで、[塗りつぶしまたは調整レイヤーを新規作成]をクリックし❶、表示されたメニューから[レベル補正]を選択します❷。「レベル補正1」レイヤーが作成されます❸。続いて、属性パネルで一番下のスポイトツール 🖋（[画像内でサンプルして白色点を設定]）を選択します❹。

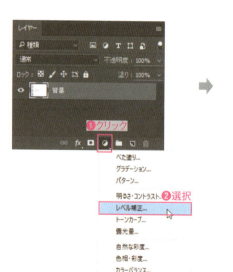

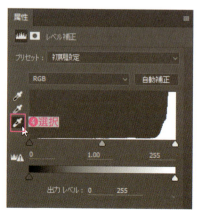

05-07　白色点を使ってスキャン画像から不要な罫線を消す

3 消したい罫線を、クリックします❶。うまく消えない場合は、場所を変えて何度かクリックしてください。罫線の色が白色点に指定されると、罫線が消えて全体的に明るくなります❷。

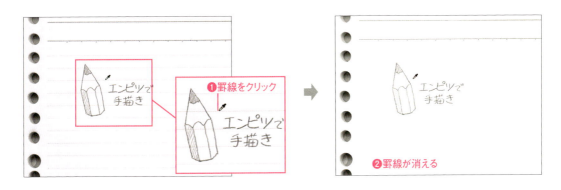

4 手描き画像の表示が薄くなってしまった場合は、属性パネルのグレーのスライダーを右にドラッグし❶、手描き画像がはっきり見えるように調節します❷。

5 ブラックのペンやブラシでトレースする場合は、トレースしやすいように手描き画像をブルーにしましょう。属性パネルで［チャンネル］を「ブルー」に設定し❶、グレーのスライダーを左にドラッグして調節します❷。

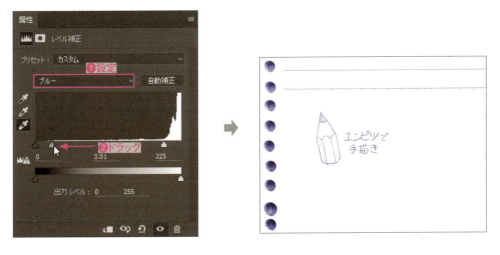

Macでは、キーは次のようになります。　Ctrl → ⌘　　Alt → option　　Enter → return

05-08 ブレンド条件を上手に使って背面の明るさに応じて画像を合成する

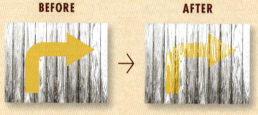

[ブレンド条件]を使うと、前面画像の明るさ、または背面画像の明るさに応じて、画像を合成できます。凹凸やかすれを表現するときに便利なテクニックです。

📷 PART 05 ▶ 05_08.psd

1 サンプルファイル（05_08.psd）を開きます❶。このファイルは、「レイヤー1」レイヤーに木の壁の画像があり、前面の「シェイプ1」レイヤーに黄色の矢印のシェイプが配置されています❷。

2 「シェイプ1」レイヤーを選択します❶。レイヤーパネルメニューを表示し❷、[スマートオブジェクトに変換]を選択します❸。「シェイプ1」レイヤーのシェイプがスマートオブジェクトに変換され、アイコンが変わります❹

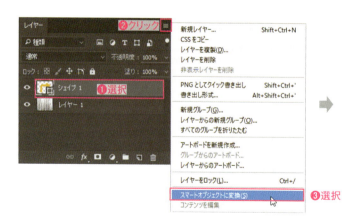

> **POINT** シェイプをスマートオブジェクトに変換する理由
> 次の手順で、フィルターを適用するためにスマートオブジェクトに変換しています。[フィルター]メニューの各種コマンドは、ラスタライズされた画像まはたスマートオブジェクトだけに適用できます。

05-08 ブレンド条件を上手に使って背面の明るさに応じて画像を合成する

3 [フィルター]メニュー→[変形]→[波形]を選択します❶。[波形]ダイアログボックスが表示されるので、[波長]の[最小]を「5」、[最大]を「10」❷、[振幅]の[最小]を「1」、[最大]を「2」に設定して❸、[OK]をクリックします❹。矢印のエッジが不規則なギザギザになります❺。

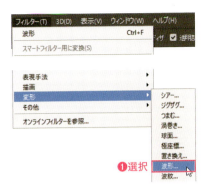

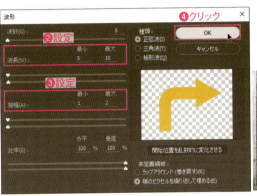

4 「シェイプ1」レイヤーが選択された状態で、[レイヤースタイルを追加]をクリックし❶、表示されたメニューから[レイヤー効果]を選択します❷。[レイヤースタイル]ダイアログボックスが表示されるので、[ブレンド条件]の[下になっているレイヤー]のシャドウ側の右のスライダーを Alt キーを押しながら右にドラッグして「0/38」に設定します❸。背面の壁の暗い部分だけ矢印の黄色が非表示になり、背面が見えるようになります❹。

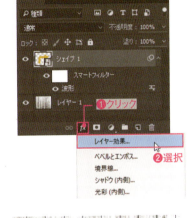

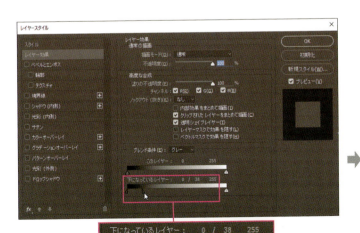

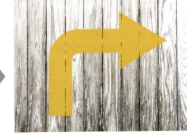

Macでは、キーは次のようになります。　Ctrl → ⌘　　Alt → option　　Enter → return

5 ［下になっているレイヤー］のハイライト側の左のスライダーを Alt キーを押しながら左にドラッグして「218/255」に設定します❶。背面の壁の明るい部分だけ矢印の黄色が非表示になり、背面が見えるようになります❷。

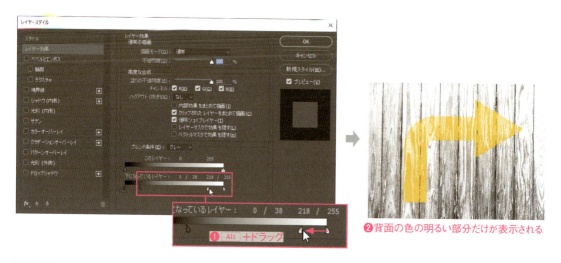

6 画面のプレビューを見ながら、シャドウ側とハイライト側のスライダーをドラッグしてシャドウ側を「83/102」、ハイライト側を「231/243」に設定します❶。設定したら［OK］をクリックします❷。

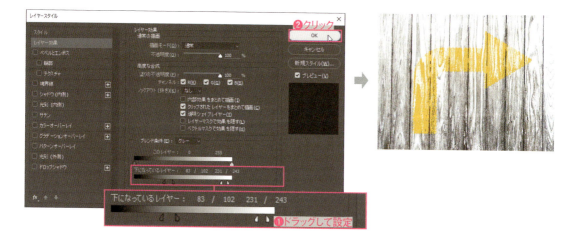

POINT

ブレンド条件

［レイヤースタイル］の［ブレンド条件］では、適用レイヤーとその下のレイヤーのピクセルの明るさによって、適用レイヤーの表示状態を制御します。［このレイヤー］では、適用レイヤーのシャドウ側とハイライト側のスライダーの間の明るさの画素だけが表示されます。［下になっているレイヤー］も同様で、背面のレイヤーのシャドウ側とハイライト側のスライダーの間の明るさの画素の部分は、適用レイヤーが表示されます。作例の場合、［このレイヤー］はすべてのピクセルで表示されるので関係ありません。

［下になっているレイヤー］は、両端のスライダーの外側は、矢印は非表示となるため、暗い部分と明るい部分は、板が表示されます。スライダーを分割した部分は、徐々に非表示になっていく範囲となります。

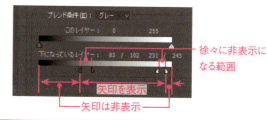

PART 06

Easy-to-understand Reference book of Photoshop Professional Technical design

レイヤーを使った テクニック

Photoshopでは、複数の画像をレイヤー単位で扱います。また、調整レイヤーのような補正用のレイヤーや、塗りつぶしレイヤー／パターンレイヤーのように後から修正できる便利なレイヤーもあります。本PARTでは、パターンレイヤーの上手な使い方や、グループレイヤーを使ったテクニックなどを紹介します。

PART 06 | レイヤーを使ったテクニック

06-01

パターンレイヤーの パターンの色を変更する①

パターンレイヤーを適用した際、描画モードとカラーオーバーレイを使うことで、パターンの色を変更できます。パターンの形状も含めて、やり直しができるテクニックです。

📥 PART06 ▶ 06_01.psd

1

サンプルファイル（06_01.psd）を開きます❶。このファイルは「レイヤー1」に画像が配置されています❷。

2

レイヤーパネルの［塗りつぶしまたは調整レイヤーを新規作成］をクリックし❶、［パターン］を選択します❷。［パターンで塗りつぶし］ダイアログボックスが表示されるので、プリセットのサムネールをクリックし❸、「左下から右上への斜線1」を選択します❹（CC2014より前のバージョンでは、「左下から右上への斜線」がないので「横に積む」を選択してください）。選択したら［OK］をクリックします❺。前面に「パターン1」レイヤーが作成され❻、パターンで塗りつぶされます。

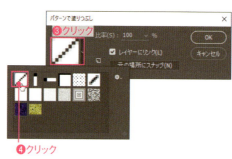

06-01 パターンレイヤーのパターンの色を変更する①

3

レイヤーパネルで、「パターン1」レイヤーが選択された状態で、[描画モード]を[オーバーレイ]に設定します❶。

4

レイヤーパネルの[レイヤースタイルを追加]をクリックし❶、[カラーオーバーレイ]を選択します❷。[レイヤースタイル]ダイアログボックスが表示されるので、[描画モード]を「比較(明)」に設定します❸。カラーボックスをクリックします❹。[カラーピッカー(オーバーレイカラー)]ダイアログボックスが表示されるので、「R=38 G=38 B=172」に設定し❺、[OK]をクリックします❻。[レイヤースタイル]ダイアログボックスも[OK]をクリックして閉じます❼。

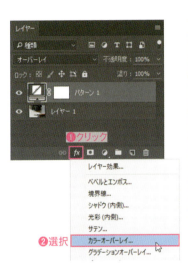
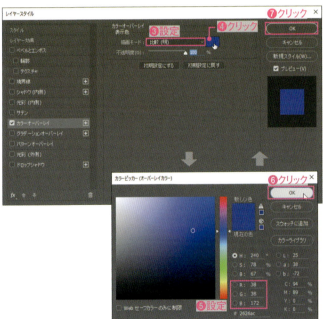

5

パターンの色が、カラーオーバーレイで設定した色に変わりました❶。「パターン1」レイヤーの描画モードや、「カラーオーバーレイ」の色を変更すれば、外観を変更できます。

Macでは、キーは次のようになります。 Ctrl → ⌘ Alt → option Enter → return 113

パターンレイヤーの
パターンの色を変更する②

パターンレイヤーのパターン画像を、べた塗りレイヤーのレイヤーマスクとして利用して、パターンの色を自由に変更するテクニックを紹介します。

PART06 ▶ 06_02.psd

1

サンプルファイル（06_02.psd）を開きます❶。このファイルは「レイヤー1」に画像が配置されており、前面の「パターン1」レイヤーはパターンで塗られています❷。

2

「パターン1」レイヤーを右クリックし❶、「レイヤーをラスタライズ」を選択します❷。画像の見た目は変わりませんが、「パターン1」レイヤーがパターンレイヤーから、通常レイヤーに変わります❸。Ctrl ＋ A で、レイヤー全体を選択し❹、Ctrl ＋ C でコピーします❺。

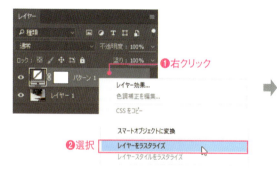

3

「パターン1」レイヤーが選択された状態で、[塗りつぶしまたは調整レイヤーを新規作成]をクリックし❶、[べた塗り]を選択します❷。

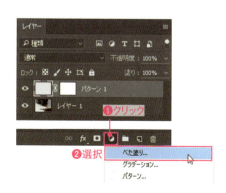

06-02 パターンレイヤーのパターンの色を変更する②

4 ［カラーピッカー（べた塗りのカラー）］ダイアログボックスが表示されるので、「R=255 G=255 B=255」に設定し❶［OK］をクリックします❷。前面に「べた塗り1」レイヤーが作成され、ホワイトで塗りつぶされます❸。

5 「パターン1」レイヤーの［レイヤーの表示／非表示］をクリックして非表示にします❶。「べた塗り1」レイヤーのレイヤーマスクサムネールをクリックして、選択状態にします❷。チャンネルパネルを表示し、「べた塗り1マスク」チャンネルの［チャンネルの表示／非表示］をクリックして表示します❸。

6 Ctrl+Vで、「べた塗り1マスク」チャンネルに手順2でコピーしたパターンの画像をペーストします❶。「べた塗り1マスク」チャンネルの［チャンネルの表示／非表示］をクリックして非表示にします❷。「べた塗り1」レイヤーのレイヤーマスクとして、パターンの画像が適用されたので、斜線部分から最背面の画像が見えるようになります❸。ペーストした状態の選択範囲ができているので、Ctrl+Dを押して選択を解除します❹。

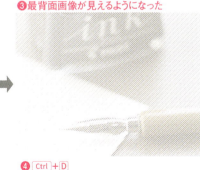

POINT レイヤーマスクチャンネルに画像をペースト
レイヤーマスクのチャンネルに画像をペーストする際は、必ずチャンネルを表示状態にしてください。非表示状態だと、ペーストした画像のレイヤーが作成されてしまいます。

Macでは、キーは次のようになります。　Ctrl → ⌘　　Alt → option　　Enter → return

| 7 | レイヤーパネルで、「べた塗り1」レイヤーのレイヤーマスクサムネールをクリックして選択します❶。属性パネルの[反転]をクリックします❷。レイヤーマスクが反転して、画像の上に斜線が見えるようになりました❸。

| 8 | 「べた塗り1」レイヤーの画像サムネールをダブルクリックします❶。[カラーピッカー(べた塗りのカラー)]ダイアログボックスが表示されるので、カラーフィールドから適当な色をクリックして設定します❷。画像の斜線の色が、設定した色になることを確認してください。

| 9 | 自由に色を変更してみてください。ここでは、「R=234 G=196 B=19」に設定し❶、[OK]をクリックします❷。「べた塗り1」レイヤーの画像サムネールをクリックすれば、再度色を変更できます。

| PART 06 | レイヤーを使ったテクニック

ファイルをレイヤーに読み込んで画像を合成する

06-03

複数の画像を合成するには、それぞれの画像をレイヤーに読み込む必要があります。画像を開いてコピーしてもいいのですが、はじめからファイルをレイヤーに読み込むと、作業が効率的に進みます。

PART06 ▶ 06_03A.psd、06_03B.psd

1 ［ファイル］メニュー→［スクリプト］→［ファイルをレイヤーとして読み込み］を選択します❶。［レイヤーを読み込む］ダイアログボックスが表示されるので、［参照］をクリックします❷。

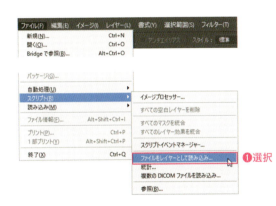

2 ［開く］ダイアログボックスが表示されるので、サンプルファイル「06_03A.psd」と「06_03B.psd」を Shift キーを押しながらクリックして選択し❶、［開く］をクリックします❷。［レイヤーを読み込む］ダイアログボックスに戻ったら、［OK］をクリックします❸。

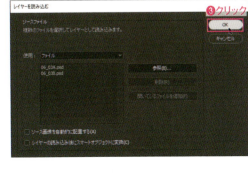

Macでは、キーは次のようになります。　Ctrl → ⌘　　Alt → option　　Enter → return

06-03 ファイルをレイヤーに読み込んで画像を合成する

3 選択したふたつのファイル「06_03A.psd」と「06_03B.psd」が、それぞれレイヤーに読み込まれます❶。レイヤーパネルのレイヤー名は、それぞれのファイル名になります❷。複数のファイルを合成する場合には、ファイルをレイヤーに読み込むと効率的です。

4 レイヤーの順番を逆にします。「06_03A.psd」レイヤーを「06_03B.psd」レイヤーの下にドラッグして移動します❶。スプーンの画像が前面になりました❷。

5 「06_03B.psd」レイヤーの画像を、変形します。変形前に、後から編集することに備えて、スマートオブジェクトに変換しておきます。「06_03B.psd」レイヤーを選択し❶、レイヤーパネルメニューから［スマートオブジェクトに変換］を選択します❷。「06_03B.psd」レイヤーに、スマートオブジェクトのアイコンが表示されます❸。

06-03　ファイルをレイヤーに読み込んで画像を合成する

6 「06_03B.psd」レイヤーが選択された状態で、[編集]メニュー→[変形]→[拡大・縮小]を選択します❶。「06_03B.psd」レイヤーの画像の周囲にバウンディングボックスが表示されます。右下のハンドルを Shift キーを押しながらドラッグして、背面の「06_03A.psd」レイヤーの横幅に合わせるようにリサイズします❷。

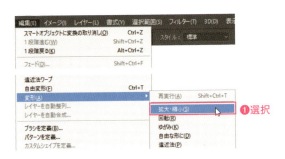

7 スプーンと下の盛り上がった部分が揃うように、ドラッグして位置を調節します❶。位置が決まったら、バウンディングボックス内をダブルクリックして、拡大・縮小を確定します❷。

8 切り抜きツールを選択します❶。オプションバーで、[比率]を選択し❷、[切り抜いたピクセルを削除]のチェックをオフにします❸。切り抜きエリアを指定するハンドルや❹、中の画像をドラッグして❺、切り抜き範囲が画像ピッタリになるように設定し、切り抜きエリア内部をダブルクリックして切り抜きを確定します❻。

Macでは、キーは次のようになります。　Ctrl → ⌘　　Alt → option　　Enter → return

119

PART 06 | レイヤーを使ったテクニック

06-04 パターンのつなぎ目を目立たなくする

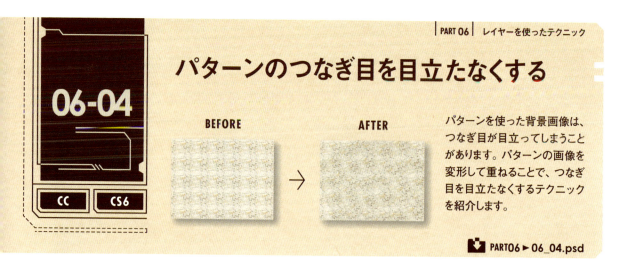

パターンを使った背景画像は、つなぎ目が目立ってしまうことがあります。パターンの画像を変形して重ねることで、つなぎ目を目立たなくするテクニックを紹介します。

PART06 ▶ 06_04.psd

1

サンプルファイル（06_04.psd）を開きます❶。このファイルは「パターン1」レイヤーがあり、パターンで塗られています❷。

2

レイヤーパネルで、「パターン1」レイヤーを「新規レイヤーを作成」にドラッグして❶、レイヤーのコピーを作成します❷。

3

「パターン1のコピー」レイヤーを右クリックし❶、[レイヤーをラスタライズ]を選択します❷。これで「パターン1のコピー」レイヤーがパターンレイヤーから通常レイヤーになります❸。画像の見た目に変化はありません。

4 「パターン1のコピー」レイヤーが選択された状態で、[描画モード]に[比較(暗)]を選択します❶。同じ画像が重なっているので、ここでも変化はありません❷。

5 [編集]メニュー→[変形]→[自由な形に]を選択します❶。画像の周囲にハンドルが表示されるので、四隅のハンドルをドラッグしてつなぎ目が見えなくなるように変形します❷。変形したら、[変形を確定]をクリックします❸。

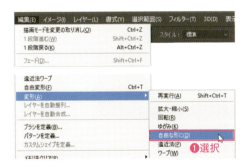
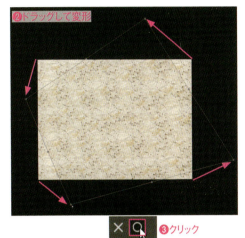

6 「パターン1のコピー」レイヤーの[レイヤーの表示/非表示]をクリックして❶❷、表示状態と非表示状態を比較します。まだ、つなぎ目が目立つようなら、再度「パターン1のコピー」レイヤーを変形してください。

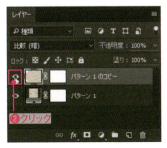

Macでは、キーは次のようになります。　[Ctrl]→[⌘]　[Alt]→[option]　[Enter]→[return]

グループレイヤーを使い
文字の輪郭だけに影をつける

BEFORE → **AFTER**

レイヤースタイルを使って、文字の輪郭だけに影をつけるには、グループレイヤーを使います。レイヤースタイルで輪郭だけを表示したテキストをグループ化し、グループにドロップシャドウを適用します。

📥 PART 06 ▶ 06_05.psd

| 1 | サンプルファイル（06_05.psd）を開きます❶。このファイルには、青い「べた塗り1」レイヤーにパターンオーバーレイが適用されており、その上の「シェイプ1」レイヤーには、クリップの形をしたシェイプがあり、ドロップシャドウなどのレイヤースタイルが適用されています。最前面にテキストレイヤーがあります❷。このテキストを加工して、クリップと同じように文字の輪郭だけの線にして、影をつけましょう。|

❶開く

※使用環境にフォントがない場合はTypekitからダウンロードしてください。

| 2 | レイヤーパネルで、テキストレイヤーの文字のない部分をダブルクリックします❶。[レイヤースタイル]ダイアログボックスが表示されるので、[境界線]をクリックして選択します❷。[サイズ]を「4」❸、[位置]を「内側」に設定し❹、[カラー]のボックスをクリックします❺。表示された[カラーピッカー（境界線のカラー）]ダイアログボックスで「R=200 G=200 B=200」に設定し❻、[OK]をクリックします❼。文字の輪郭に色がつきます❽。|

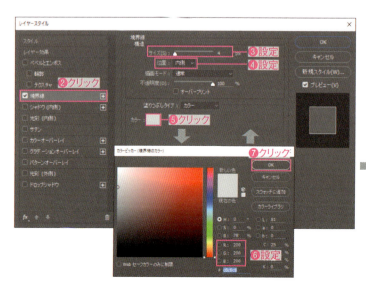

❽文字の輪郭に色がついた

06-05 グループレイヤーを使い文字の輪郭だけに影をつける

3 [レイヤー効果]をクリックして選択し❶、[塗りの不透明度]を「0」に設定します❷。文字の内側の色がなくなり輪郭線だけになります❸。

4 [ドロップシャドウ]をクリックして選択し(複数表示される場合は上を選択)❶、[不透明度]を「35」❷、[距離]を「10」❸、[サイズ]を「10」に設定します❹。文字の内部は透明ですが、影は輪郭だけにつくわけではなく文字全体につきます❺。クリップのような影にはなりません。

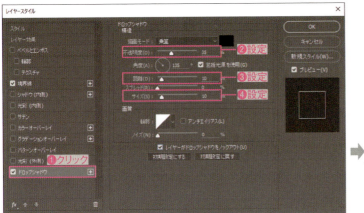

5 [レイヤーがドロップシャドウをノックアウト]のチェックを外します❶。影は文字の内部を透けて見えるようになりますが、輪郭線の影にはなりません❷。[OK]をクリックしてダイアログボックスを閉じます❸。レイヤーパネルには、適用した効果が表示されます❹。

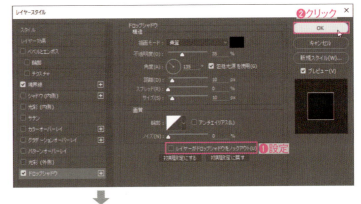

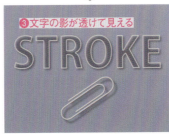
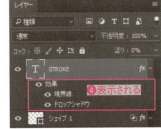

Macでは、キーは次のようになります。　[Ctrl] → [⌘]　　[Alt] → [option]　　[Enter] → [return]

6

テキストレイヤーの[効果]部分を右クリックし❶、表示されたメニューから[レイヤースタイルをコピー]を選択します❷。

7

テキストレイヤーが選択された状態で❶、Ctrlキーと Gキーを押します❷。「グループ1」レイヤーが作成され❸、テキストレイヤーは「グループ1」レイヤーの中に入ります❹。

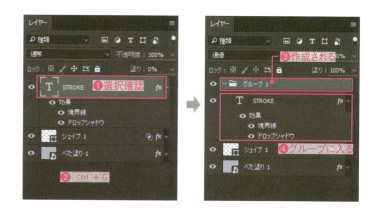

> **POINT**
> **グループレイヤーの作成**
> レイヤーパネルの[新規グループを作成]をクリックしてもグループレイヤーは作成できますが、ひとつのレイヤーを選択した状態だと、空のグループレイヤーが作成され、作成後にレイヤーをドラッグして入れる必要があります。キーボードショートカットを使うと、選択しているレイヤーがひとつでも、選択したレイヤーを含むグループレイヤーを作成できます。

8

テキストレイヤーの[ドロップシャドウ]の[個別のレイヤー効果の表示／非表示]をクリックして非表示にします❶。文字の影がなくなります❷。

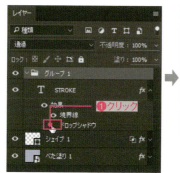

06-05 グループレイヤーを使い文字の輪郭だけに影をつける

9

「グループ1」レイヤーを右クリックし❶、表示されたメニューから[レイヤースタイルをペースト]を選択します❷。手順6でコピーしたテキストレイヤーに適用したレイヤースタイルが、「グループ1」レイヤーにペーストされます❸。適用対象は、輪郭だけが表示されるテキストレイヤーなので、ペーストされたレイヤースタイルによって文字の輪郭だけに影がつきます❹。

10

「グループ1」レイヤーの[境界線]の[個別のレイヤー効果の表示/非表示]をクリックして非表示にします❶。文字の影だけが表示されます❷。

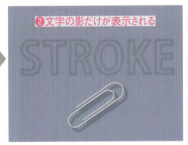

11

レイヤーパネルで、「グループ1」レイヤーの[効果]部分をダブルクリックします❶。[レイヤースタイル]ダイアログボックスが表示されるので、[塗りの不透明度]を「100」に設定します❷。文字の輪郭線が表示されます❸。これで、再度、輪郭線に影がついた状態になりました。

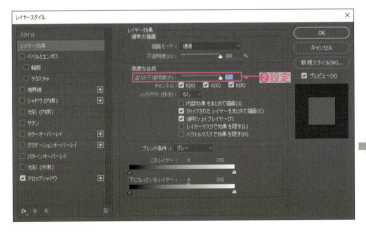

Macでは、キーは次のようになります。　Ctrl → ⌘　　Alt → option　　Enter → return

06-05　グループレイヤーを使い文字の輪郭だけに影をつける

12 クリップの影の濃さに合わせるため、[ドロップシャドウ]をクリックして選択し❶、[不透明度]を「60」に設定します❷。影が少し濃くなります❸。

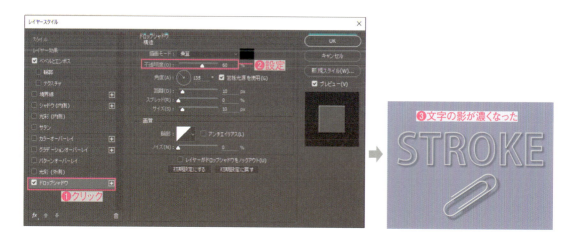

13 [ベベルとエンボス]をクリックして選択し❶、[サイズ]を「4」❷、[ハイライトのモード]の[不透明度]を「50」❸、[シャドウのモード]の[不透明度]を「50」に設定し❹、[OK]をクリックします❺。文字がクリップと同じような質感になり、影もつきました❻。

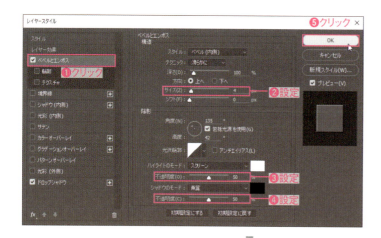

❻クリップのような質感の文字の輪郭線に影が表示された

| PART 06 | レイヤーを使ったテクニック

06-06 パターンレイヤーでパターンの開始位置を調節する

BEFORE → **AFTER**

パターンの初期状態では、パターンの模様が文字にかぶったり、画像の端が中途半端に切れるなど、見た目が悪い場合があります。パターンの位置は、移動ツールを使って調節しましょう。

PART06 ▶ 06_06.psd

| 1 | サンプルファイル（06_06.psd）を開きます❶。背面に「パターン1」レイヤーがあり、前面にテキストレイヤーがあります❷。

❶開く

❷レイヤー確認

| 2 | 移動ツール ✥ を選択します❶。レイヤーパネルで、「パターン1」レイヤーを選択します❷。パターンをドラッグすると、位置を調節できます❸。上下左右に移動して調節できるので、見た目のよい位置にしてください。

❶クリック

❷選択

❸ドラッグ

POINT

レイヤーマスクを使うときは？

レイヤーマスクを適用してから、パターンの位置を移動すると、レイヤーマスクも一緒に移動します。
レイヤーマスクを適用する場合は、パターンの位置を決めてからにしましょう。

Macでは、キーは次のようになります。　Ctrl → ⌘　　Alt → option　　Enter → return

| PART 06 | レイヤーを使ったテクニック

06-07
マスク範囲の一部だけを滑らかにするためにレイヤーを分けて調整する

`CC` `CS6`

BEFORE  → AFTER

写真をマスクで切り抜いた際、部分的にぼかしを入れたりして調節したいことがあります。このようなときは、レイヤーを分けて、レイヤーを分けて、マスクを分割して調整します。

📥 PART 06 ▶ 06_07psd

1 サンプルファイル（06_07.psd）を開きます❶。ミニトマトの画像が「レイヤー0」レイヤーにあり、その前面にホワイトの「べた塗り1」レイヤーがあります。「レイヤー0のコピー」レイヤーは「レイヤー0」レイヤーのコピーレイヤーで、ミニトマトだけが表示されるようにレイヤーマスクが作成されています。「レイヤー0のコピー2」レイヤーでは、ミニトマトの実の部分だけレイヤーマスクで表示しています❷。「レイヤー0のコピー」レイヤーの[レイヤーの表示／非表示]をクリックして非表示にします❸。

❶開く

❸クリック

❷レイヤー確認

2

「レイヤー0のコピー 2」レイヤーのレイヤーマスクサムネールをクリックして選択します❶。続いて、属性パネルの[マスクの境界線]をクリックします❷。

3

[マスクを調整]ダイアログボックスが開くので、[エッジを調整]の[滑らかに]のスライダーを一番右の「100」までドラッグし❶、[OK]をクリックします❷。レイヤーマスクの境界線が滑らかになったため、画像の境界部分も滑らかになります❸。

❸境界部分が滑らかになる

4

「レイヤー0のコピー」レイヤーの[レイヤーの表示/非表示]をクリックし❶、表示します。背面のミニトマトが表示されたため、境界部分が滑らかになっていません❷。「レイヤー0のコピー」レイヤーのレイヤーマスクの範囲を調節して、ミニトマトの実の部分も非表示にし、「レイヤー0のコピー2」レイヤーのミニトマトだけが表示されるようにしましょう。「レイヤー0のコピー」レイヤーのレイヤーサムネールをクリックします❸。

❷境界部分が滑らかでなくなった

5

多角形選択ツールを選択します❶。ミニトマトの実の部分を囲むようにクリックを繰り返し、最後に始点クリックして選択範囲を作成します❷。

| 6 | ツールパネルの［描画色と背景色を初期設定に戻す］をクリックし❶、［描画色と背景色を入れ替え］をクリックします❷。［編集］メニュー→［塗りつぶし］を選択します❸。［塗りつぶし］ダイアログボックスで、「描画色」を選択し❹、［OK］をクリックします❺。これで、レイヤーマスクで選択した範囲が描画色のブラックで塗りつぶされます❻。|

| 7 | 「レイヤー 0 のコピー」レイヤーのレイヤーマスクの選択した範囲が描画色のブラックで塗りつぶされたため、トマトの実の部分も非表示になりました❶。なお、「レイヤー 0 のコピー 2」レイヤーは、トマトの実だけが表示されるレイヤーで❷、「レイヤー 0 のコピー」レイヤーは、トマトの葉の部分だけが表示されるレイヤーとなっています❸。|

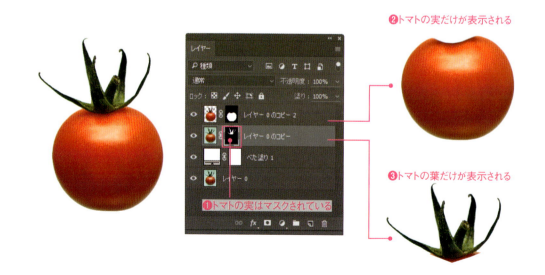

PART 07

Easy-to-understand Reference book of Photoshop Professional Technical design

レイヤーマスクを使った調整テクニック

レイヤーマスクを使うと、画像に対して部分的に表示／非表示したり、調整レイヤーによる調整が行えます。複数のレイヤーと併用すれば、さまざまな表現が可能になります。本PARTでは、レイヤーマスクを使った各種テクニックを紹介します。

07-01 描画モードを使うために レイヤーマスクを背面レイヤーで流用①

描画モードを適用すると、背面の全レイヤーが対象となります。レイヤーマスクの範囲だけに描画モードを適用したいときは、下層レイヤーにも同じレイヤーマスクを流用します。

📁 PART 07 ▶ 07_01.psd

1 サンプルファイル (07_01.psd) を開きます❶。このファイルには、最背面に「パターン1」レイヤーがあり、その前面にピンクで塗りつぶされた「レイヤー2」レイヤー、花形のお菓子の画像が「レイヤー1」レイヤーにあり、レイヤーマスクで花形に切り抜かれています❷。

2 「レイヤー1」レイヤーを選択します❶。[描画モード] に [オーバーレイ] を選択し❷❸、お菓子の部分を明るくします❹。[オーバーレイ] は、背面の画像 (ここでは「レイヤー2」レイヤーと「パターン1」レイヤー) の色に応じて、明るい部分は明るく、暗い部分は暗くなります。ここでは、「レイヤー2」レイヤーの色がお菓子の色と同系色のため、お菓子全体が明るくなっています。

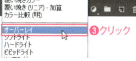

3 現在のお菓子の色を保持しながら、最背面にある「パターン1」レイヤーを背景として使いましょう。「レイヤー2」レイヤーを非表示にすれば、「パターン1」レイヤーが「レイヤー1」レイヤーの背景となりますが、手順2で適用した「オーバーレイ」効果がなくなってしまいます。「レイヤー2」レイヤーを残しながら、最背面の「パターン1」レイヤーを表示させるには、「レイヤー1」レイヤーと同じレイヤーマスクを、「レイヤー2」レイヤーにも適用すればOKです。「レイヤー1」レイヤーのレイヤーマスクサムネイルをクリックして選択してから❶、Ctrlキーを押しながらサムネイルをクリックします❷。レイヤーマスクから選択範囲が作成されます❸。

4 レイヤーパネルで「レイヤー2」レイヤーを選択します❶。[レイヤーマスクを追加]をクリックします❷。選択範囲から、「レイヤー2」レイヤーにレイヤーマスクが作成され、背面の「パターン1」レイヤーが表示されました❸。

POINT　通常レイヤーには選択範囲を作成してレイヤーマスクを適用する

レイヤーマスクを流用したいレイヤー（作例では「レイヤー2」レイヤー）が、通常のレイヤーマスクのない通常レイヤーであれば、流用するレイヤーマスクから選択範囲を作成して、対象となるレイヤーにレイヤーマスクを作成します。

Macでは、キーは次のようになります。　Ctrl → ⌘　　Alt → option　　Enter → return

PART 07 | レイヤーマスクを使った調整テクニック

07-02

描画モードを使うために
レイヤーマスクを背面レイヤーで流用②

CC　CS6

BEFORE　→　AFTER

「07-01」に似ていますが、レイヤーマスクの流用先が、「べた塗り」レイヤーのようなレイヤーマスクのあるレイヤーの場合、アルファチャンネルを使ってマスク範囲を複製して流用するテクニックです。

PART 07 ▶ 07_02.psd

1

サンプルファイル（07_02.psd）を開きます❶。このファイルには、最背面に「パターン1」レイヤーがあり、その前面にピンクのべた塗りレイヤー「べた塗り1」レイヤーがあります。最前面に花形のお菓子の画像が「レイヤー1」レイヤーにあり、レイヤーマスクで花形に切り抜かれています。「レイヤー1」レイヤーを選択します❷。

❶開く

❷選択

2

［描画モード］に［オーバーレイ］を選択し❶、お菓子の部分を明るくします❷。

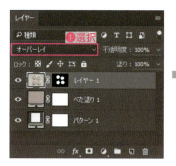
❶選択

❷お菓子を明るくする

3

レイヤーパネルで「レイヤー1」レイヤーのレイヤーマスクサムネールをクリックして選択します❶。選択したら、Ctrlキーとaキーを押します❷。これで、レイヤーマスクのマスク範囲が保持されているレイヤーマスクチャンネルが選択されます。続けて、CtrlキーとCキーを押してコピーします❸。

❶クリック

❷ Ctrl + A　❸ Ctrl + C

134

07-02 描画モードを使うためにレイヤーマスクを背面レイヤーで流用②

4

レイヤーパネルで「べた塗り1」レイヤーのレイヤーマスクサムネールをクリックして選択します❶。チャンネルパネルを開き、「べた塗り1 マスク」チャンネルの[チャンネルの表示／非表示]をクリックして表示します❷。

5

Ctrlキーと Vキーを押します❶。手順3でコピーした「レイヤー1」のレイヤーマスクチャンネルが「べた塗り1マスク」チャンネルにペーストされます❷。これで「べた塗り1」レイヤーのレイヤーマスクが、「レイヤー1」レイヤーのレイヤーマスクと同じになります❸。

6

「べた塗り1マスク」チャンネルが表示されているので、画像にマスク範囲であるオレンジ色が表示されています❶。「べた塗り1マスク」チャンネルの[チャンネルの表示／非表示]をクリックして非表示にします❷。これで「べた塗り1」レイヤーにも、「レイヤー1」レイヤーと同じレイヤーマスクが適用されたので、背面の「パターン1」レイヤーが表示されます❸。

7

「べた塗り1」レイヤーの色を変えてみましょう。「べた塗り1」レイヤーのレイヤーサムネールをダブルクリックします❶。[カラーピッカー（べた塗りのカラー）]ダイアログボックスが開くので、少し明るめの色に変更して❷、[OK]をクリックします❸。描画モードの対象である「べた塗り1」レイヤーの色が変わったので「レイヤー1」のお菓子の色も変わります❹。

Macでは、キーは次のようになります。　Ctrl → ⌘　　Alt → option　　Enter → return

PART 07 レイヤーマスクを使った調整テクニック

07-03 描画モードを使うために レイヤーマスクを背面レイヤーで流用③

BEFORE  → AFTER

「07-02」と同じレイヤー構造ですが、レイヤーをグループ化することで、レイヤーマスクの流用を簡単に行うテクニックです。

PART 07 ▶ 07_03.psd

1

サンプルファイル（07_03.psd）を開きます❶。このファイルには、最背面に「パターン1」レイヤーがあり、その前面にピンクのべた塗りレイヤー「べた塗り1」レイヤーがあります。最前面に花形のお菓子の画像が「レイヤー1」レイヤーにあり、レイヤーマスクで花形に切り抜かれています。「レイヤー1」レイヤーを選択します❷。

2

［描画モード］に［オーバーレイ］を選択し❶、お菓子の部分を明るくします❷。

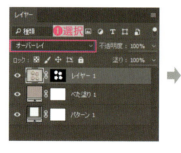

3

「レイヤー1」レイヤーと「べた塗り1」レイヤーを Shift キーを押しながらクリックして、両方選択します❶。パネルメニューから［レイヤーからの新規グループ］を選択します❷。

POINT レイヤーを選択し Ctrl + G を押すと、選択したレイヤーを含むグループレイヤーを作成できます。よく使うので覚えておきましょう。

136

07-03　描画モードを使うためにレイヤーマスクを背面レイヤーで流用③

4　[レイヤーからの新規グループ] ダイアログボックスが開くので、そのまま [OK] をクリックします❸。選択したふたつのレイヤーから「グループ1」レイヤーができました❷。

5　「グループ1」レイヤーを展開表示します❶。「レイヤー1」レイヤーのレイヤーマスクサムネールを Ctrl キーを押しながらクリックして、選択範囲を作成します❷。

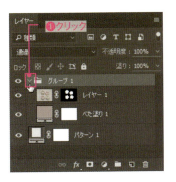 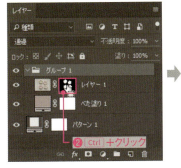 

6

「グループ1」レイヤーをクリックして選択します❶。[レイヤーマスクを追加] をクリックします❷。

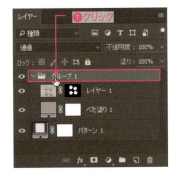 

7

手順5で作成した選択範囲から、「グループ1」レイヤーにレイヤーマスクが作成されました❶。これで、背面の「パターン1」レイヤーが表示されます❷。

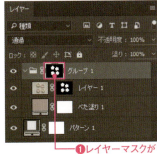 

Macでは、キーは次のようになります。　Ctrl → ⌘　　Alt → option　　Enter → return

| PART 07 | レイヤーマスクを使った調整テクニック

07-04 曇ったガラスを拭いたように レイヤーマスクを調整する

BEFORE  → **AFTER**

レイヤーマスクによって前面の画像のマスク範囲を調整することはよくあることです。マスク範囲をブラシで調整する際には、描画色と背景色を切り替えながら仕上げるのがポイントです。

PART07 ▶ 07_04.psd

1

サンプルファイル（07_04.psd）を開きます❶。「レイヤー1」レイヤーに樹氷、「レイヤー2」レイヤーには、ところどころ不透明な白で塗った画像があります❷。

❶開く

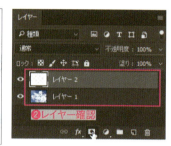
❷レイヤー確認

2

レイヤーパネルで、「レイヤー2」レイヤーが選択されていることを確認し❶、[レイヤーマスクを追加]をクリックします❷。「レイヤー2」レイヤーにレイヤーマスクが追加されました❸。

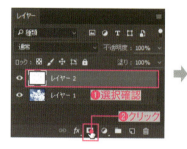
❶選択確認
❷クリック

❸レイヤーマスクが追加された

3

ブラシツールを選択します❶。ブラシパネルで、[直径]が「45px」の「Sampled Tip」を選択します❷。

❶選択

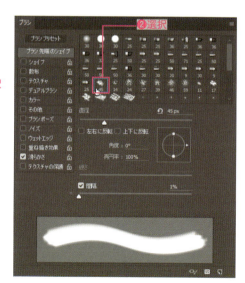
❷選択

POINT ここで使用するブラシは、リストのはじめのほうにあります。先頭から順番に見つけていき、筆や鉛筆のアイコンのブラシの次に表示されています。
ブラシパネルで見つからない場合、ブラシプリセットパネルで、「リスト（小）を表示」でリスト表示し、「ストロークごとの明るさの変化」を選択してもかまいません。

07-04　曇ったガラスを拭いたようにレイヤーマスクを調整する

| 4 | ツールパネルの［描画色と背景色を初期設定に戻す］をクリックします❶。続いて、［描画色と背景色を入れ替え］をクリックし、描画色を「ブラック」に設定します❷。設定したら、画像上をドラッグします❸。レイヤーマスクがブラックで描画されたため、マスクされた領域が解除され、背面の画像が表示されます。

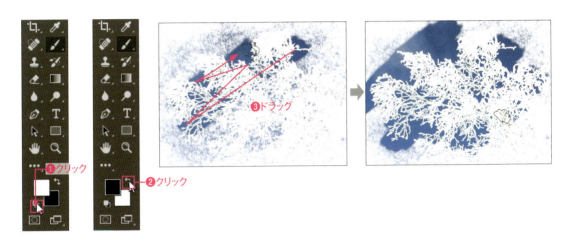

| 5 | 作例のように、曇ったガラスを拭いて外が見えるようにするには、一度では思ったような仕上がりにならないので、描画色と背景色を切り替えて（キーボードショートカットは X ）、マスク範囲を調整して仕上げていきます❶❷❸❹。

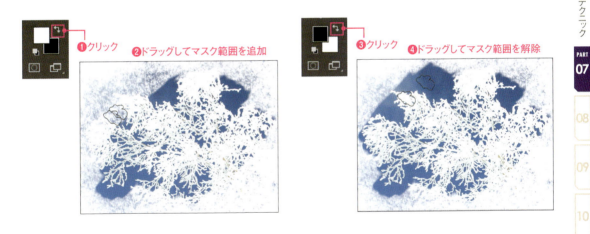

| 6 | 自然な感じになった完成です❶。

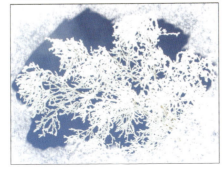

Macでは、キーは次のようになります。　Ctrl → ⌘　　Alt → option　　Enter → return

07-05

レイヤーマスクに[雲模様]を使い宇宙空間の光のようにする

レイヤーマスクに、[雲模様]フィルターを使って雲模様を描画することで、ランダムな濃淡のマスクにします。一度で望んだようなマスクにならなければ、何度か繰り返して描画してください。

PART07 ▶ 07_05.psd

1

サンプルファイル (07_05.psd) を開きます❶。このファイルは「11-05」の完成ファイルで、「グラデーション1のコピー」レイヤーと「グラデーション1」レイヤーのふたつのグラデーションレイヤーを使って逆光を表現しています❷。「グラデーション1」レイヤーの中央の円形のグラデーションにレイヤーマスクを適用して、宇宙空間の光のようにしましょう。

※使用環境にフォントがない場合はTypekitからダウンロードしてください。

2

レイヤーパネルで、「グラデーション1」レイヤーのレイヤーマスクサムネールをクリックして選択します❶。チャンネルパネルで、「グラデーション1マスク」チャンネルの[チャンネルの表示/非表示]をクリックして表示状態にします❷。まだ「グラデーション1」レイヤーには、レイヤーマスクでマスクされた領域がないので、画像に変化はありません。

3

[フィルター]メニュー→[描画]→[雲模様1]を選択します❶。「グラデーション1マスク」チャンネルに雲模様が描画されました。画像は「グラデーション1マスクチャンネル」が表示されているので、赤い表示になります❷。チャンネルパネルの「グラデーション1マスク」チャンネルのサムネールには、雲模様が表示されます❸。

07-05 レイヤーマスクに［雲模様］を使い宇宙空間の光のようにする

4 チャンネルパネルで、「グラデーション1マスク」チャンネルの［チャンネルの表示／非表示］をクリックして非表示にします❶。中央の円形のグラデーションに、雲模様のレイヤーマスクが適用されたため、もやがかかった宇宙空間の光のようになりました❷。

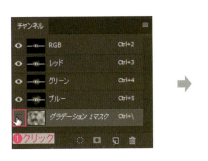

❷宇宙空間の光のようになった

5

［雲模様1］フィルターはランダムに生成されるため、思ったようなマスクにならないこともあります。そういうときは、再度適用します。チャンネルパネルで、「グラデーション1マスク」チャンネルの［チャンネルの表示／非表示］をクリックして表示状態にします❶。［フィルター］メニュー→［描画］→［雲模様1］を選択すると❷、「グラデーション1マスク」チャンネルに雲模様が再描画されました❸。

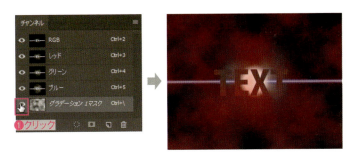

6 チャンネルパネルで、「グラデーション1マスク」チャンネルの［チャンネルの表示／非表示］をクリックして非表示にして❶、画像のマスクを確認します❷。思ったようなマスクになったら完成です。

❷マスク確認

Macでは、キーは次のようになります。　Ctrl → ⌘　　Alt → option　　Enter → return

| PART 07 | レイヤーマスクを使った調整テクニック |

レイヤーマスクを使用して背面の画像と交差しているようにする

レイヤーマスクを使用して、前面の画像を非表示にすると、交差している画像が作成できます。その際、交差部分をシャープに見せるためのテクニックを紹介します。

📥 PART07 ▶ 07_06.psd

1 サンプルファイル（07_06.psd）を開きます❶。このファイルは、「03-05」の完成ファイルで、「背景」レイヤーの前面には、「レイヤー1」レイヤーに青い鉛筆、「レイヤー2」レイヤーに赤い鉛筆の画像があり、それぞれ鉛筆の形状で切り抜かれています。また、「レイヤー1」レイヤーは、スマートオブジェクトで「ゆがみ」フィルターで変形してあります❷。

> **POINT**
> **CS6での注意**
> CS6でも、サンプルファイルを開けますが、[ゆがみ]フィルターの編集はできません。

2 「レイヤー2」レイヤーを選択し❶、[レイヤーマスクを追加]をクリックします❷。

07-06 レイヤーマスクを使用して背面の画像と交差しているようにする

3 「レイヤー2」レイヤーが選択された状態で、「レイヤー1」レイヤーの画像サムネールを Ctrl キーを押しながらクリックします❶。青い鉛筆全体が、選択範囲になります❷。

4 ブラシツール を選択します❶。[描画色と背景色を初期設定に戻す] をクリックし❷、[描画色と背景色を入れ替え] をクリックして❸、描画色を「ブラック」に設定します。ブラシパネルで [直径] が「30px」、[硬さ] が「100％」のブラシを選択し❹、青い鉛筆と赤い鉛筆の交差している部分をドラッグします❺。ドラッグした部分だけマスクされて非表示になったので、背面の青い鉛筆が表示されます❻。

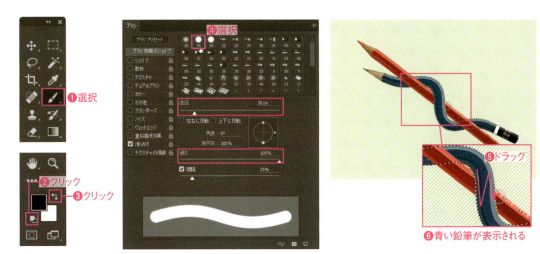

5 レイヤーパネルで、「レイヤー2」レイヤーのレイヤーマスクサムネールを Ctrl キーを押しながらクリックします❶。手順4で塗ったマスク部分以外(サムネールで白く表示される部分)が選択されます❷。

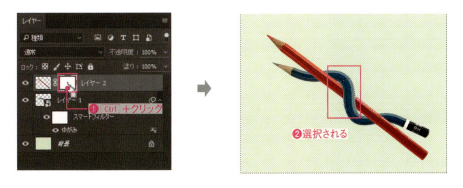

Macでは、キーは次のようになります。　Ctrl → ⌘　　Alt → option　　Enter → return　　**143**

07-06 レイヤーマスクを使用して背面の画像と交差しているようにする

6 ［描画色と背景色を入れ替え］をクリックして❶、描画色を「ホワイト」に設定します。手順4で塗ったマスク部分の境界線部分をドラッグしてマスクを削除します❷❸。削除したら、Ctrlキーと Dキーを押して、選択を解除します❹。

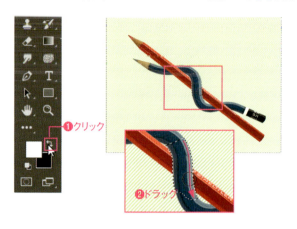
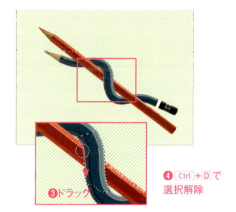

POINT 手順6でやっていること

手順4で青い鉛筆の形状から作成した選択範囲にブラシでマスクを作成すると、境界線部分に細い白いラインがうっすらと残ります。このラインを削除するために、手順4で作成したマスク範囲を選択範囲として読み込み、マスクの境界線をホワイトで塗っています。
手順6は、CtrlキーとHキーを押し、選択範囲の点線を非表示にして操作すると白いラインが消えるのがわかります。

7 属性パネルで、［マスクの境界線］をクリックします❶。［マスクを調整］ダイアログボックスが表示されるので、［ぼかし］を「0.2」❷、［エッジをシフト］を「+100」に設定します❸。プレビューを見ると、赤い鉛筆の表示範囲が少し広がります❹。［OK］をクリックしてダイアログボックスを閉じます❺。青い鉛筆と赤い鉛筆の交差部分がシャープになりました。

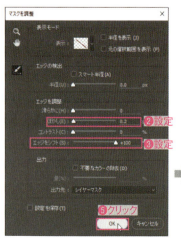
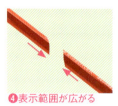
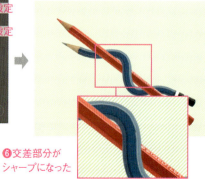

Easy-to-understand Reference book of Photoshop Professional Technical design

画像の質感を
変更するテクニック

レイヤー効果やフィルターを使うと、影をつけたり、輪郭に光をあてるなど、質感をがらりと変えることができます。ドロップシャドウなどは、よく使われる機能のひとつですが、よりリアルな影をつけるには、ちょっとしたアイデアが必要です。本PARTでは、影や立体感の表現テクニックを紹介します。

PART 08 | 画像の質感を変更するテクニック

リアルな影にするために
ドロップシャドウを画像として変形する

オブジェクトに影をつけるには、レイヤースタイルの[ドロップシャドウ]を使いますが、影を画像として取り出して変形すると、直感的な操作でリアルな影にできます。

PART08 ▶ 08_01.psd

1

サンプルファイル（08_01.psd）を開きます❶。このファイルには、背面に「べた塗り1」レイヤーがあり、前面の「レイヤー1」レイヤーにカボチャを切り抜いた画像があります❷。

2

「レイヤー1」レイヤーを選択します❶。[レイヤースタイルを追加]をクリックし❷、[ドロップシャドウ]を選択します❸。[レイヤースタイル]ダイアログボックスが表示されるので、[初期設定に戻す]をクリックして初期設定に戻します❹。[角度]を「30」❺、[距離]を「80」❻、[サイズ]を「60」に設定します❼。CC 2014より前のバージョンでは、[不透明度]を「35」に設定します。設定したら[OK]をクリックします❽。これでカボチャに影がつきました❾。

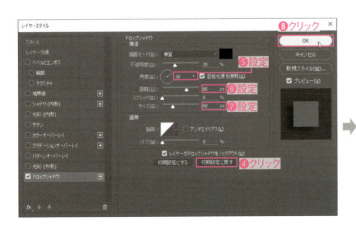

146

08-01　リアルな影にするためにドロップシャドウを画像として変形する

3　「レイヤー1」レイヤーに適用されたレイヤースタイル「ドロップシャドウ」を右クリックし❶、表示されたメニューから[レイヤーを作成]を選択します❷。警告ダイアログボックスが表示されるので[OK]をクリックします❸。これで、影の画像の「レイヤー1のドロップシャドウ」レイヤーが作成されました❹。画像に見た目の変化はありません。

4　「「レイヤー1」のドロップシャドウ」レイヤーを選択します❶。[編集]メニュー→[変形]→[自由な形に]を選択します❷。

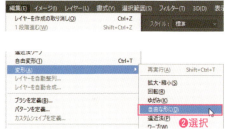

5　ドロップシャドウの周囲にハンドルが表示されるので、シャドウがカボチャの左下になるようにドラッグして変形します❶❷❸。変形したら、オプションバーの[変形を確定]をクリックして確定します❹。通常、ドロップシャドウの形状は、手順2での[レイヤースタイル]ダイアログボックスで決まりますが、画像にすることで自由度の高い変形が可能になります。

Macでは、キーは次のようになります。　[Ctrl]→[⌘]　[Alt]→[option]　[Enter]→[return]　**147**

PART 08　画像の質感を変更するテクニック

08-02
影の画像を複製して
リアルな接地感の影にする

影を画像として扱うと、複製が簡単になります。複数の影の画像を重ねることで、リアルな接地感の影にするテクニックを紹介します。

PART08 ▶ 08_02.psd

1

サンプルファイル（08_02.psd）を開きます❶。このファイルは「08-01」での完成ファイルです。レイヤーパネルで、「レイヤー1のドロップシャドウ」レイヤーを［新規レイヤーを作成］にドラッグして、コピーします❷。

2

レイヤーがコピーされたら、［編集］メニュー→［変形］→［拡大・縮小］を選択します❶。ドロップシャドウの周囲にハンドルが表示されるので、シャドウがカボチャの真下になるようにドラッグして縮小します❷❸。変形したら、オプションバーの［変形を確定］をクリックして確定します❹。

3

コピーされたレイヤーの［塗り］を「70％」に設定します❶。前面にあるコピーしたドロップシャドウが濃くなったので、カボチャの影がよりリアルになりました❷。

08-03 フィルターと効果を使い文字を逆光の中で浮かび上がらせる

CC / CS6

BEFORE  → AFTER

[逆光]フィルターを使うと、逆光の光輪を描画できます。[光彩（外側）]効果を併用することで、光の当たっている感じを表現できます。

PART08 ▶ 08_03.psd

1

サンプルファイル（08_03.psd）を開きます❶。このファイルは「14-08」の完成ファイルで、「グラデーション1のコピー」レイヤーと「グラデーション1」レイヤーのふたつのグラデーションレイヤーと、「シェイプ1」レイヤーのシェイプを使い、閃光のある逆光を表現しています❷。ここに、光輪や光線を追加しましょう。

❶開く

❷レイヤー確認

※使用環境にフォントがない場合はTypekitからダウンロードしてください。

2

レイヤーパネルで、テキストレイヤーを選択します❶。ツールパネルで、横書き文字ツール T を選択し❷、オプションバーで、カラーボックスをダブルクリックします❸。［カラーピッカー（テキストカラー）］ダイアログボックスが表示されます❹。

❶クリック

❷選択

❸クリック
❹表示される

Macでは、キーは次のようになります。 Ctrl → ⌘　Alt → option　Enter → return

3 画像の左上のあたりをクリックして暗い色を拾います❶。[カラーピッカー(テキストカラー)]ダイアログボックスで、「R=0 G=0 B=0」に設定されたことを確認し❷、[OK]をクリックします❸。文字がブラックに変わります❹。

4 [フィルター]メニュー→[描画]→[逆光]を選択します❶。ダイアログボックスが表示されるので、[スマートオブジェクトに変換]をクリックします❷。

POINT 旧バージョンの注意
CC 2014より前のバージョンでは、[逆光]を実行する前に、レイヤーパネルメニュー→[スマートオブジェクトに変換]を実行してください。

5 [逆光]ダイアログボックスが表示されるので、[明るさ]を「70」❶、[レンズの種類]を「105mm」に設定します❷。プレビューの+をドラッグして「E」と「X」の間に移動し❸、[OK]をクリックします❹。画像の「E」と「X」の間に逆光の光輪が表示されます❺。レイヤーパネルに[逆光]が表示されます❻。

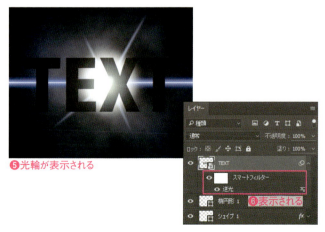

08-03 フィルターと効果を使い文字を逆光の中で浮かび上がらせる

6 レイヤーパネルで、テキストレイヤーの文字のない部分をダブルクリックします❶。[レイヤースタイル]ダイアログボックスが表示されるので、[光彩（外側）]をクリックして選択します❷。[不透明度]を「50」❸、カラーボックスをクリックして、[カラーピッカー（光彩（外側）のカラー）]ダイアログボックスで「R=255 G=255 B=255」に設定します❹。[テクニック]を「詳細」❺、[サイズ]を「5」に設定し❻、[OK]をクリックします❼。文字の周りに光彩がつきました❽。

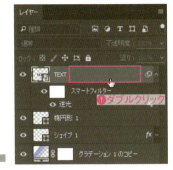
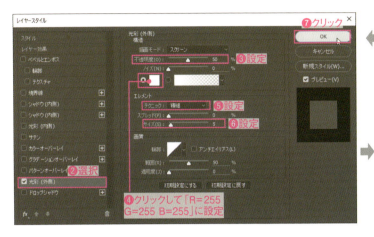

7 「逆光」フィルターの光輪が目立たないので、位置を変えます。レイヤーパネルの[逆光]をダブルクリックします❶。[逆光]ダイアログボックスが表示されるので、プレビューの+をほんの少しだけ左にドラッグして移動し❷、[OK]をクリックします❸。「X」の文字の上に小さな光輪が表示されればOKです❹。位置が気に入らなければ、再度修正してください。

Macでは、キーは次のようになります。 Ctrl → ⌘　Alt → option　Enter → return

08-04 レイヤースタイルを使って図形に立体感をつける①

BEFORE → **AFTER**

レイヤースタイルを使うと、画像やシェイプの輪郭に対し、影をつけるなどの効果を適用できます。組み合わせて使うことで、平面図形に立体感を持たせることもできます。

📁 PART 08 ▶ 08_04.psd

1

サンプルファイル（08_04.psd）を開きます❶。白い「レイヤー0」レイヤーの上に、「角丸長方形1」「長方形1」「長方形1のコピー」「多角形1」のシェイプレイヤーがあり、最前面にテキストレイヤーがあります。赤い「角丸長方形1」レイヤーには［ベベルとエンボス］が適用されています。「長方形1」レイヤーには、［グラデーションオーバーレイ］が適用され、金色のグラデーションになっています。

❶開く

❷レイヤー確認

※使用環境にフォントがない場合はTypekitからダウンロードしてください。

POINT　グラデーションについての注意

手順3で、「11-03」で作成したグラデーションを使用しています。「11-03」を行っていない場合は、先に「11-03」でグラデーションを登録してください。

2

レイヤーパネルの「長方形1」レイヤーの［効果］部分をダブルクリックします❶。［レイヤースタイル］ダイアログボックスが表示されるので、［ベベルとエンボス］をクリックして選択します❷。右側の設定欄で、図のように設定します❸。長方形の内側にベベルが適用されました❹。

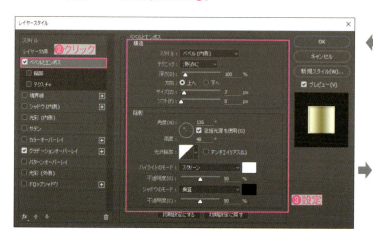

❷クリック

❸設定

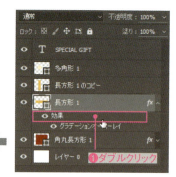

❶ダブルクリック

❹内側にベベルが適用された

08-04 レイヤースタイルを使って図形に立体感をつける①

3 ［境界線］をクリックして選択します❶。右側の設定欄で、［塗りつぶしタイプ］に「グラデーション」を選択し❷、表示されたグラデーションボックスをクリックして「11-03」で登録した「ゴールド」グラデーションを選択してください❸。そのほかは、図のように設定します❹。境界線がグラデーションで塗られます❺。

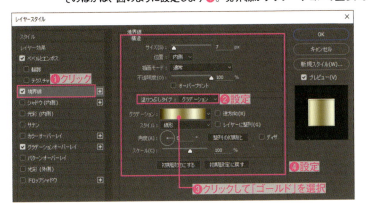

❹境界線がグラデーションで塗られた

4 ［シャドウ（内側）］をクリックして選択します❶。右側の設定欄で、図のように設定します❷。長方形の内側に影がつきます❸。

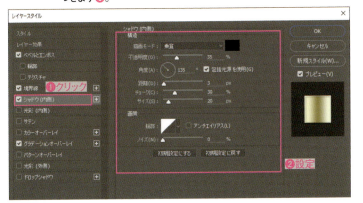

❸内側に影がついた

5 ［ドロップシャドウ］をクリックして選択します❶。右側の設定欄で、図のように設定します❷。設定したら［OK］をクリックします❸。レイヤースタイルを適用したことで、グラデーションの長方形立体感が出ました❹。レイヤーパネルには、［グラデーションオーバーレイ］以外に、今回適用したレイヤースタイルが表示されます❺。

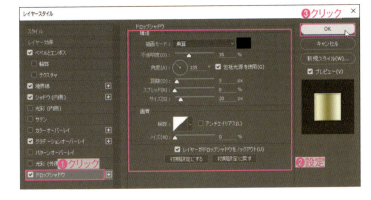

❹立体感が出た

Macでは、キーは次のようになります。　Ctrl → ⌘　　Alt → option　　Enter → return

153

レイヤースタイルを使って図形に立体感をつける②

BEFORE  AFTER

レイヤースタイルは、ほかのレイヤーにもコピーして適用できるので、同じ効果を複数のレイヤーで利用できます。レイヤースタイルを使いこなすうえでの基本テクニックです。ここでは、コピーしたスタイルをレイヤーに応じて変形します。

PART 08 ▶ 08_05.psd

1

サンプルファイル（08_05.psd）を開きます❶。このファイルは「08-04」での完成ファイルで、「長方形1」レイヤーの長方形は、金色のグラデーションの［グラデーションオーバーレイ］が適用され、［ベベルとエンボス］なども適用されて立体感を表現しています❷。このレイヤースタイルを、縦の長方形や文字の背面の図形にも適用してみましょう。

❶開く

※使用環境にフォントがない場合はTypekitからダウンロードしてください。

2

「長方形1」レイヤーの［効果］を右クリックし❶、メニューから［レイヤースタイルをコピー］を選択します❷。続いて、「長方形1のコピー」レイヤーを右クリックし❸、メニューから［レイヤースタイルをペースト］を選択します❹。

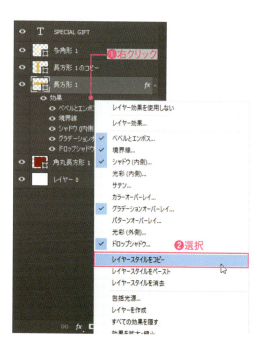

08-05 レイヤースタイルを使って図形に立体感をつける②

3 「長方形1のコピー」レイヤーに、「長方形1」レイヤーのレイヤースタイルがペーストされました❶。レイヤーパネルにも、ペーストされたレイヤースタイルが表示されます❷。

4 続けて、「多角形1」レイヤーを右クリックし❶、メニューから[レイヤースタイルをペースト]を選択します❷。「多角形1」レイヤーにレイヤースタイルが適用され❸、レイヤーパネルにもレイヤースタイルが表示されます❹。

Macでは、キーは次のようになります。　Ctrl → ⌘　　Alt → option　　Enter → return

08-05 レイヤースタイルを使って図形に立体感をつける②

5

「長方形1のコピー」レイヤーの[効果]部分をダブルクリックします❶。

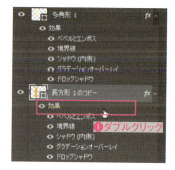

6

[レイヤースタイル]ダイアログボックスが表示されるので、[境界線]をクリックして選択します❶。[角度]を「90」に設定します❷。[境界線]のグラデーションの方向が90°回転しました❸。

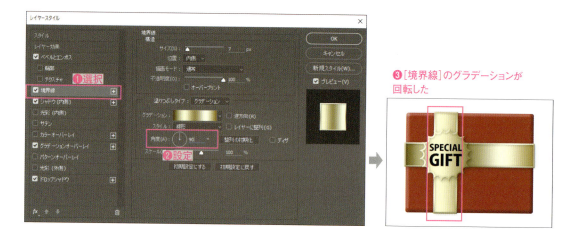

7

[グラデーションオーバーレイ]をクリックして選択します❶。[角度]を「90」に設定して❷、[OK]をクリックします❸。[グラデーションオーバーレイ]のグラデーションの方向が90°回転しました❹。

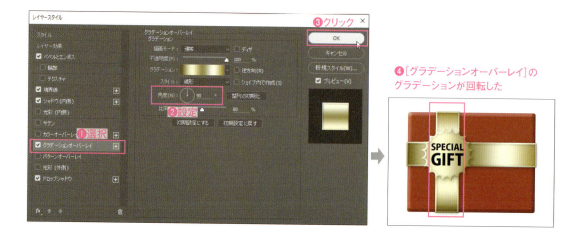

08-05 レイヤースタイルを使って図形に立体感をつける②

8

「多角形1」レイヤーの[グラデーションオーバーレイ]をダブルクリックします❶。[レイヤースタイル]ダイアログボックスの[グラデーションオーバーレイ]の設定画面が表示されます。[角度]を「45」に設定して❷、[シェイプ内で作成]をチェックします❸。グラデーションの角度が変わり、シェイプ内でグラデーション全体が作成されるようになりました❹。

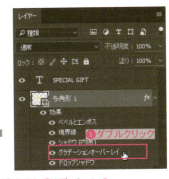

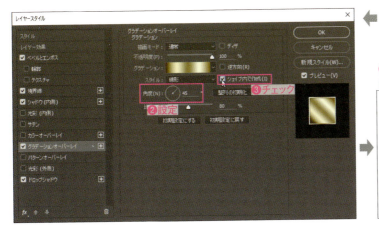

❹角度とグラデーションのかかり方が変わった

9

[ベベルとエンボス]をクリックして選択します❶。[サイズ]を「4」に設定して❷、[OK]をクリックします❸。ベベルのサイズを小さくしたので、とがった部分が若干シャープになりました❹。

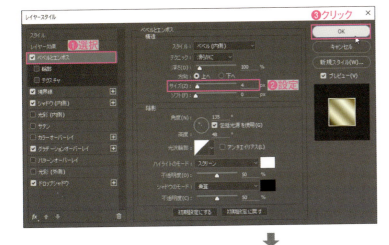

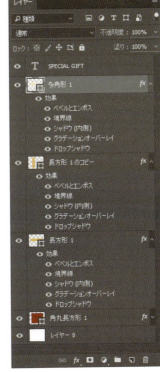

❹とがった部分がシャープになった

Macでは、キーは次のようになります。　Ctrl → ⌘　　Alt → option　　Enter → return

| PART 08 | 画像の質感を変更するテクニック

08-06 ドロップシャドウの二重適用でリアルな影をつける

BEFORE → AFTER

CC2015から、レイヤースタイルの項目を、二重に適用できるようになりました。ここでは、ドロップシャドウを二重にかけて、リアルな影をつけるテクニックを紹介します。

PART 08 ▶ 08_06.psd

1 サンプルファイル（08_06.psd）を開きます❶。このファイルは、最背面にドット模様の「パターン1」レイヤーがあり、「チャンネルミキサー1」レイヤーで色を変更しています。また、最前面の「レイヤー1」レイヤーにクッキーの画像があり、クッキーの形状でレイヤーマスクされていて、レイヤースタイルの［ドロップシャドウ］が適用されています❷。

❶開く

❷レイヤー確認

2 レイヤーパネルの「レイヤー1」レイヤーの「効果」の表示部分をダブルクリックします❶。［レイヤースタイル］ダイアログボックスが表示されるので、適用されている［ドロップシャドウ］をクリックして選択し❷、設定を確認します❸。

❶ダブルクリック

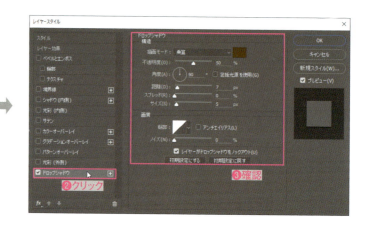
❷クリック　❸確認

3

[ドロップシャドウ] の右側にある、「+」表示をクリックします❶。

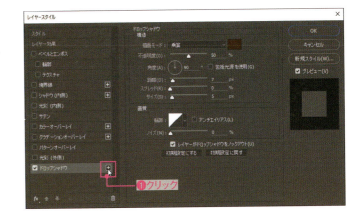

4

[ドロップシャドウ] の項目がひとつ追加されました❶。

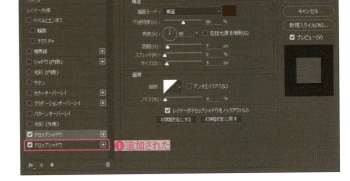

POINT

[ドロップシャドウ]の設定内容は、そのままコピーされます。

5

上の[ドロップシャドウ]が選択された状態で、[不透明度]を「40」❶、[角度]を「140」❷、[距離]を「30」❸、[サイズ]を「25」❹に変更し[OK]をクリックします❺。はじめから適用されていたドロップシャドウに、ぼけ足の長いドロップシャドウがついて、よりリアルな影になりました。レイヤーパネルには、[ドロップシャドウ]が2項目表示されます❻。

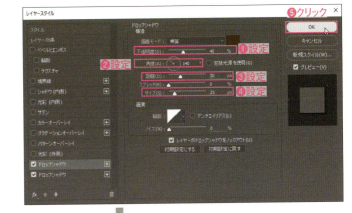

POINT

追加した項目の適用順は、[レイヤースタイル]ダイアログボックスの順番となります。同じ項目内であれば、下部に表示された矢印アイコンをクリックして順番を変更できます。

Macでは、キーは次のようになります。　Ctrl → ⌘　　Alt → option　　Enter → return

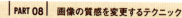

[露光量]で暗くした元画像を使用して自然な影を表現する

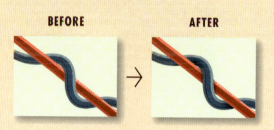

影の表現にはドロップシャドウを使うことが多いのですが、暗くなりすぎたり不自然になることもあります。元画像を[露光量]を調節して暗くした画像を影として使用すると、自然な影を表現できます。

PART08 ▶ 08_07.psd

1 サンプルファイル（08_07.psd）を開きます❶。このファイルには、「背景」レイヤーの前面に、「レイヤー1」レイヤーに青い鉛筆、「レイヤー2」レイヤーに赤い鉛筆の画像があります。青い鉛筆は[ゆがみ]フィルターで変形されており、「レイヤー2」レイヤーにレイヤーマスクを使用して鉛筆が絡まっているようになっています❷。

CS6での注意
CS6でも、サンプルファイルを開けますが、[ゆがみ]フィルターの編集はできません。

2 レイヤーパネルで「レイヤー2」レイヤーが選択されていることを確認します❶。[塗りつぶしまたは調整レイヤーを新規作成]をクリックし❷、表示されたメニューから[露光量]を選択します❸。作成された「露光量1」レイヤーと「レイヤー2」レイヤーの境界部分を[Alt]キーを押しながらクリックして❹、「レイヤー2」レイヤーだけに適用されるようにします❺。

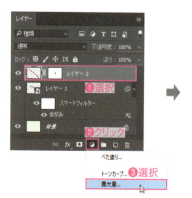

3

属性パネルで[露光量]を「-2.73」に設定し❶、赤い鉛筆の色を暗くします❷。この後、暗くなった部分を影として使うように作業します。

❷赤い鉛筆が暗くなった

4

レイヤーパネルで、「レイヤー2」レイヤーのレイヤーマスクサムネールを Ctrl キーを押しながらクリックし❶、選択範囲を作成します。選択範囲は、レイヤーマスクサムネールの白い部分(青い鉛筆を表示するためにマスクしている部分以外)です❷。

❷選択範囲が作成された

5

[選択範囲]メニュー→[選択範囲を変更]→[境界をぼかす]を選択します❶。[境界をぼかす]ダイアログボックスが表示されるので、[ぼかしの半径]を「5」に設定し❷、[OK]をクリックします❸。

6

[編集]メニュー→[塗りつぶし]を選択します❶。[塗りつぶし]ダイアログボックスが表示されるので、[内容](CS6～CC 2014では[使用])を「ブラック」に設定し❷、[OK]をクリックします❸。Ctrl キーと D キーを押して、選択を解除します❹。レイヤーマスクサムネールの青い鉛筆の重なった部分以外が黒で塗りつぶされたため❺、マスクされて元の明るい色に戻ります。ただし、青い鉛筆と重なった部分はマスクされていないので表示状態となり、手順5でぼかしを入れているため、青い鉛筆の外側に影として表示されます❻。

❹ Ctrl + D で選択解除

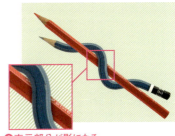

❻表示部分が影になる

Macでは、キーは次のようになります。 Ctrl → ⌘　Alt → option　Enter → return

7

レイヤーパネルで「レイヤー1」レイヤーを選択します❶。[塗りつぶしまたは調整レイヤーを新規作成]をクリックし❷、表示されたメニューから[露光量]を選択します❸。作成された「露光量2」レイヤーと「レイヤー1」レイヤーの境界部分をAltキーを押しながらクリックして❹、「レイヤー1」レイヤーだけに適用されるようにします❺。

8

属性パネルで[露光量]を「-0.81」に❶、[ガンマ]を「0.88」に設定します❷。青い鉛筆が暗くなります❸。この後、暗くなった部分を影として使うように作業します。

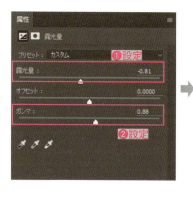

9

レイヤーパネルで、「露光量2」レイヤーのレイヤーマスクサムネールをクリックして選択します❶。続けて[イメージ]メニュー→[色調補正]→[階調の反転]を選択します❷。レイヤーマスクサムネールがホワイトからブラックに変わり❸、すべての範囲がマスクされたために、青い鉛筆の色が元に戻りました❹。

08-07 ［露光量］で暗くした元画像を使用して自然な影を表現する

| 10 | ブラシツール を選択します❶。［描画色と背景色を初期設定に戻す］をクリックし❷、描画色を「ホワイト」に設定します。ブラシパネルで「半径30」の［硬さ］が「0」のブラシを選択し❸、［直径］を「60px」に設定します❹。青い鉛筆が赤い鉛筆の下になっている境界部分をドラッグします❺。レイヤーマスクがホワイトで塗られたため、「露光量2」レイヤーのドラッグされた部分が表示され、影となります❻。

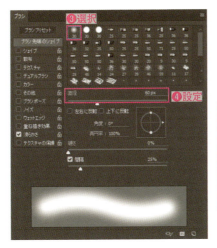

| 11 | 同様に、青い鉛筆が赤い鉛筆の下になっているほかの境界部分をドラッグして影をつけます❶。レイヤーパネルの「露光量2」レイヤーのレイヤーマスクサムネールに、2カ所白い部分ができます❷。

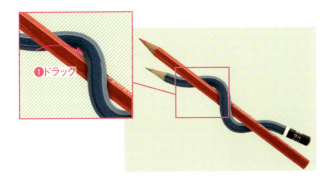

| 12 | 少し影が濃いので、属性パネルで［露光量］を「-0.60」に❶、［ガンマ］を「0.68」に設定します❷。若干影が薄くなりました❸。

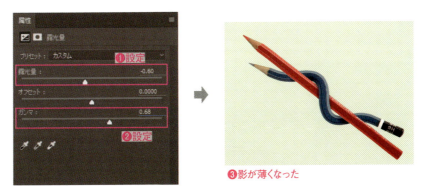

Macでは、キーは次のようになります。　Ctrl → ⌘　Alt → option　Enter → return　　163

PART 08 | 画像の質感を変更するテクニック

08-08 アルファチャンネルを読み込み凹凸のある[照明効果]画像を描く

BEFORE → AFTER

[照明効果]は、画像にスポットライトをあてるフィルターです。テクスチャにアルファチャンネルを読み込むことで、3Dのバンプマップのように凹凸のついた画像にできます。

PART08 ▶ 08_08.psd

1

サンプルファイル(08_08.psd)を開きます❶。このファイルには背面にブルーで塗りつぶした「レイヤー0」レイヤーがあり、前面のテキストレイヤーに文字色がホワイトで文字が入力されています❷。テキストレイヤーの文字以外の部分をダブルクリックします❸。

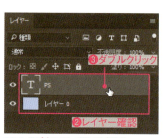

※使用環境にフォントがない場合はTypekitからダウンロードしてください。

2

[レイヤースタイル]ダイアログボックスが表示されるので、[ベベルとエンボス]をクリックして選択し❶、図のように設定します❷。[光沢輪郭]は、クリックしてプリセットから「半円」を選択してください❸。文字の中央部分にホワイトのグラデーションがかかります❹。

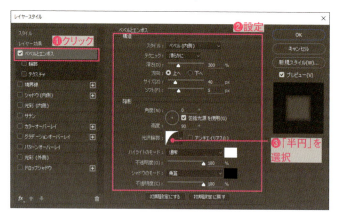

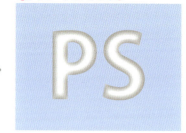

3

[輪郭]をクリックして選択します❶。[範囲]を「30」に設定し❷、[OK]をクリックします❸。文字の輪郭部分が暗くなります❹。

08-08 アルファチャンネルを読み込み凹凸のある[照明効果]画像を描く

| 4 | レイヤーパネルメニューを表示し❶、[スマートオブジェクトに変換]を選択します❷。テキストレイヤーのアイコンが変わったのを確認したら❸、サムネールを Ctrl キーを押しながらクリックします❹。文字の形状の選択範囲が作成されます❺。

| 5 | [編集]メニュー→[コピー]を選択して、選択範囲をコピーし❶、Ctrl キーと D キーを押して選択を解除します❷。続いて、チャンネルパネルで、[新規チャンネルを作成]をクリックし❸、「アルファチャンネル1」を作成します。「アルファチャンネル1」だけが表示されるので❹、一面ブラックになります❺。

| 6 | ブラシツール を選択し❶、ブラシプリセットパネルのパネルメニューを表示し❷、[DPブラシ]ブラシを選択します❸。ダイアログボックスが表示されるので[追加]をクリックします❹。ブラシパネルで、追加したブラシの「DP Flower」を選択します❺。マウスポインタをブラシの中央の小さな円がカンバスの左上に入る位置に合わせてクリックします(同じ位置でなくてかまいません)❻。カンバス内だけブラシの形状が描画されます❼。

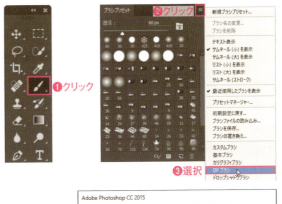

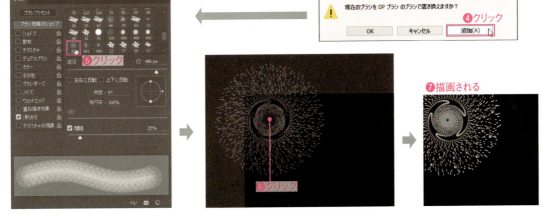

Macでは、キーは次のようになります。　Ctrl → ⌘　　Alt → option　　Enter → return

08-08 アルファチャンネルを読み込み凹凸のある［照明効果］画像を描く

7

［編集］メニュー→［特殊ペースト］→［同じ位置にペースト］を選択します❶。手順4でコピーした文字が同じ位置にペーストされます❷。ペーストされたら、Ctrl キーと D キーを押して、選択を解除します❸。

8

チャンネルパネルで、「RGB」の［チャンネルの表示／非表示］をクリックして表示し❶、続いて「アルファチャンネル1」の［チャンネルの表示／非表示］をクリックして非表示にします❷。アルファチャンネルの画像が見えなくなり、元の文字の画像が表示されます❸。

9

レイヤーパネルで、「レイヤー0」レイヤーを選択します❶。続いて、テキストレイヤーの［レイヤーの表示／非表示］をクリックして非表示にします❷。背面の「レイヤー0」レイヤーのブルーだけが表示されます❸。

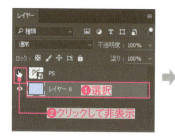
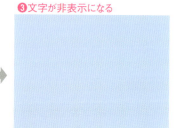

10

［フィルター］メニュー→［描画］→［照明効果］を選択します❶。［照明効果］の編集画面に変わります（直前に使用した編集状態になるので、画面と異なることもあります）❷。

11

オプションバーの［プリセット］から「クロスダウン」を選択します❶。画面がクロスダウンの編集状態になります❷。

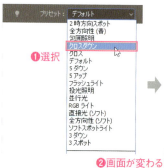
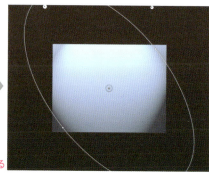

08-08 アルファチャンネルを読み込み凹凸のある［照明効果］画像を描く

|12| 属性パネルで、［テクスチャ］に「アルファチャンネル1」を選択します❶。「アルファチャンネル1」に描画してあった、ブラシとグラデーションの文字がテクスチャとして読み込まれます。「アルファチャンネル1」のホワイトの部分がもっとも盛り上がった部分となる凹凸となります（CS6では、影のつき方が逆になります）❷。

|13| ライトパネルで、「スポットライト1」が選択されているの確認します❶。属性パネルで、［カラー］の［照度］を「20」❷、［ホットスポット］を「0」❸、［環境光］を「30」❹、［高さ］を「30」に設定します❺。影の付き方が変わります❻。

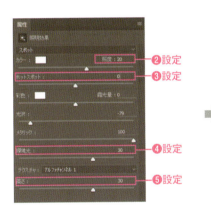

|14| ライトパネルで、「スポットライト2」を選択します❶。右上のスポットライトの編集状態になります❷。

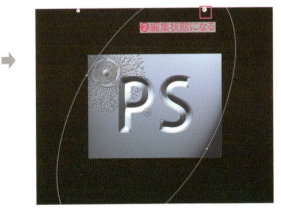

Macでは、キーは次のようになります。 Ctrl → ⌘　　Alt → option　　Enter → return　　**167**

15 属性パネルで、[カラー]の[照度]を「30」❶、[ホットスポット]を「30」❷、[環境光]を「50」に設定します❸。右上からの照明の設定が変わったので、影のつき方も変わります❹。

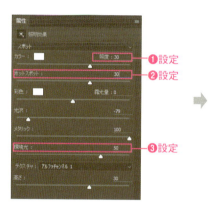
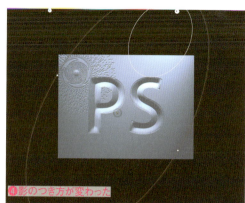

16 照明の外側の楕円のハンドルにカーソルを合わせ、「回転」と表示されたら❶、ドラッグして照明の光を回転させます(同じにならなくもかまいません)❷。

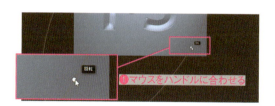

17 楕円の中央のハンドルを上にドラッグして照明の光の位置を調節します(同じにならなくもかまいません)❶。

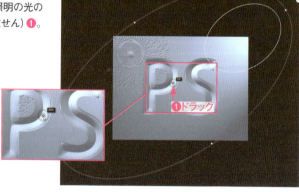

18 位置を調節したら、オプションバーの[OK]をクリックします❶。「レイヤー0」レイヤーに、照明効果で設定した凹凸のある画像が描画されました❷。

PART 09

Easy-to-understand Reference book of Photoshop Professional Technical design

ブラシを使った描画テクニック

Photoshopは、画像修正だけでなく、タブレット等を使った絵を描くソフトとしても使えます。多彩な形状や設定のブラシを使うと、意外な表現も可能になります。本PARTでは、ブラシの作成方法や、それを使った描画表現テクニックを紹介します。

09-01 フィルターを使って簡単に夜の木のシルエットを描く

BEFORE  → AFTER

Photoshopには、簡単に木の画像を挿入する機能があります。カラーオーバーレイを使って、夜の木のシルエットを描いてみましょう。

PART09 ▶ 09_01.psd

1

サンプルファイル（09_01.psd）を開きます❶。背面に「グラデーション1」レイヤーがあります。[新規レイヤーを作成]をクリックし❷、「レイヤー1」レイヤーを作成します❸。

2

[フィルター]メニュー→[描画]→[木]を選択します❶（2014の前のCCでは、[編集]メニュー→[塗りつぶし]を選択、[塗りつぶし]ダイアログボックスで[使用]に「パターン」を選択後、[スクリプトパターン]にチェックして[スクリプト]から「木」を選択）。[木]ダイアログボックスが表示されるので、[ベースとなる木の種類]に「6:トウヒ」を選択します❷。そのほかの設定は初期値のまま[OK]をクリックします❸。

3

「レイヤー1」レイヤーに、木の画像が中央に挿入されます❶。

4

移動ツールを選択し❶、[Shift]キーを押しながら下にドラッグして、木の幹の下端が境界線に合うように配置します❷。

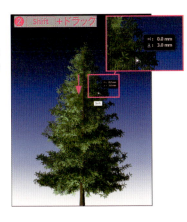

5

「レイヤー1」レイヤーが選択されているのを確認し❶、[レイヤースタイルを追加]をクリックし❷、[カラーオーバーレイ]を選択します❸。[レイヤースタイル]ダイアログボックスが表示されるので、[カラーボックス]をクリックします❹。[カラーピッカー(オーバーレイカラー)]ダイアログボックスが表示されるので、「R=10 G=16 B=42」に設定します(この色は、背景のグラデーションの上部の暗い青と同じ設定値です)❺。[OK]をクリックします❻。[レイヤースタイル]ダイアログボックスも[OK]をクリックして閉じます❼。

6

木の色がカラーオーバーレイで設定した色に変わりました❶。レイヤーパネルの「レイヤー1」レイヤーには、[カラーオーバーレイ]が表示されます❷。

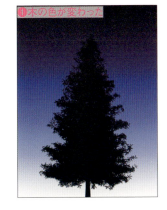

Macでは、キーは次のようになります。　[Ctrl] → [⌘]　[Alt] → [option]　[Enter] → [return]

PART 09 ブラシを使った描画テクニック

09-02 IllustratorのオブジェクトからPhotoshopのブラシを作成する

BEFORE → AFTER

Photoshopでは、自分で定義した形状のブラシを作成できます。ここでは、図形の描画がしやすいIllustratorで作成したオブジェクトをPhotoshopブラシに登録するテクニックを紹介します。

PART09 ▶ 09_02.ai

1

はじめにIllustratorで、サンプルファイル（09_02.ai）を開きます❶。このファイルは、「円」「星型」「背景」の3つのレイヤーに、オブジェクトが配置されています❷。［ファイル］メニュー→［書き出し］を選択します❸。

❶Illustratorで開く

❷レイヤーを確認

❸選択

2

［書き出し］ダイアログボックスが表示されるので、［ファイルの種類］（Macでは［ファイル形式］）に「Photoshop（*.psd）」を選択して（ファイル名は任意）❶、［書き出し］をクリックします❷。［Photoshop書き出しオプション］ダイアログボックスが表示されるので、［カラーモード］を「グレースケール」❸、［解像度］を「高解像度（300ppi）」に設定し❹、［レイヤーを保持］と［編集機能を最大限に保持］がチェックされていることを確認して❺、［OK］をクリックします❻。

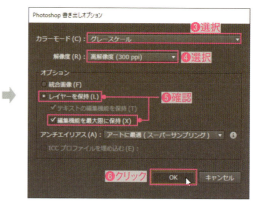

3

Photoshopで、書き出したファイルを開きます（サンプルファイル「09_02B.psd」を開いてもかまいません）❶。レイヤーパネルで、Illustratorのレイヤーが保持されていることを確認します❷。

❶Photoshopで開く

❷レイヤーを確認

4 「円」レイヤーを選択し❶、［塗りつぶしまたは調整レイヤーを新規作成］をクリックして❷、［階調の反転］を選択します❸。すべてのレイヤーの画像の階調が反転します❹。

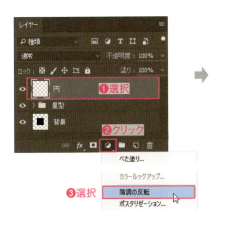

5 「背景」レイヤーを選択し❶、画像サムネールを Ctrl キーを押しながらクリックします❷。画像の境界線に沿って選択範囲が作成されます❸。

6 ［編集］メニュー→［ブラシを定義］を選択します❶。［ブラシ名］ダイアログボックスが表示されるので、［名前］に「光1」と入力して❷、［OK］をクリックします❸。

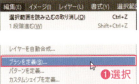

7 ブラシツール を選択します❶。ブラシパネルを表示し、登録したブラシが追加されていることを確認します❷。

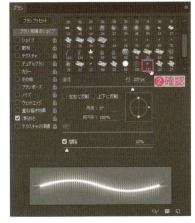

Macでは、キーは次のようになります。　Ctrl → ⌘　　Alt → option　　Enter → return

| PART 09 | ブラシを使った描画テクニック |

09-03 オリジナルブラシを使って クリスマスツリーのキラキラを描く

BEFORE  → AFTER

Illustratorで作成したブラシを使って、クリスマスツリーのキラキラを描画します。ブラシの設定で、サイズ、間隔、色をランダムに配置し、ぼかしを入れてリアル感を出しましょう。

📷 PART09 ▶ 09_03.psd

1

サンプルファイル（09_03.psd）を開きます❶。このファイルには背面に「グラデーション1」レイヤーがあり、「レイヤー1」レイヤーに木の画像があり［カラーオーバーレイ］を適用して木のシルエットになっています。「レイヤー1」レイヤーを選択して❷、［新規レイヤーを作成］をクリックし❸、「レイヤー2」レイヤーを作成します❹。

❶開く

2

ブラシツールを選択します❶。ブラシパネルで、「09-02」で作成したオリジナルブラシ「光1」を選択します（作成していない場合は「09-02」を先に行ってブラシを登録してください）❷。ブラシサイズが大きいので［直径］を「60px」に設定します❸。［シェイプ］の文字部分をクリックして選択し❹、［サイズのジッター］を「100%」に設定します❺。

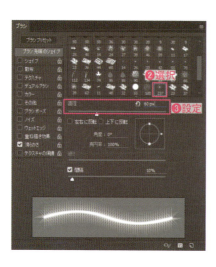
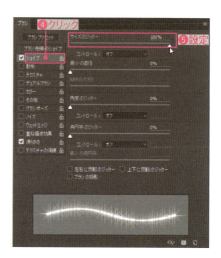

09-03 オリジナルブラシを使ってクリスマスツリーのキラキラを描く

3

[散布]の文字部分をクリックして選択し❶、[散布]を「150%」に設定し❷、ブラシの散布量を増やします。
続けて、[カラー]の文字部分をクリックして選択します❸。[描画ごとに適用]にチェックし❹、[描画色・背景色のジッター]を「100%」❺、[色相のジッター]を「100%」に設定します❻。

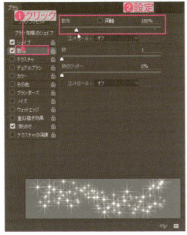
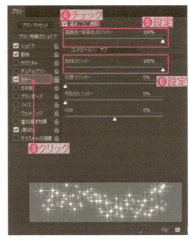

4

ツールパネルで、[描画色と背景色を初期設定に戻す]をクリックし❶、[描画色と背景色を入れ替え]をクリックします❷。背景色のアイコンをクリックし❸、[カラーピッカー(背景色)]ダイアログボックスを表示します。「R=80 G=166 B=255」に設定して❹、[OK]をクリックします❺。

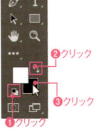

5

木のシルエットの上でドラッグして、描画します❶。設定したブラシの内容で、ブラシのシェイプが、ランダムなサイズ、間隔、色で塗られます❷。

6

「レイヤー2」レイヤーを[新規レイヤーを作成]にドラッグして❶、「レイヤー2」レイヤーのコピーである「レイヤー2のコピー」レイヤーを作成します❷。

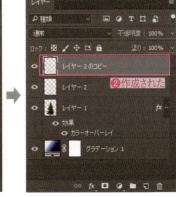

Macでは、キーは次のようになります。 Ctrl → ⌘ Alt → option Enter → return

09-03 オリジナルブラシを使ってクリスマスツリーのキラキラを描く

| 7 | 「レイヤー2」レイヤーを選択して❶、パネルメニューを開いて[スマートオブジェクトに変換]を選択します❷❸。

| 8 | 「レイヤー2」レイヤーが選択されたまま、[フィルター]メニュー→[ぼかし]→[ぼかし(ガウス)]を選択します❶。[ぼかし(ガウス)]ダイアログボックスが表示されるので、[半径]を「3.0」に設定して❷、[OK]をクリックします❸。背面の「レイヤー2」レイヤーにぼかしが適用されたので、より光っている感じが増しました。

| 9 | 「レイヤー2のコピー」レイヤーを選択します❶。ブラシパネルで、[シェイプ][散布][カラー]のチェックをクリックして外します❷。[ブラシ先端のシェイプ]をクリックして選択し❸、[直径]を「100px」に設定します❹。木の頂点をクリックします❺。描画色の「ホワイト」でブラシ形状がひとつ描画されます❻。

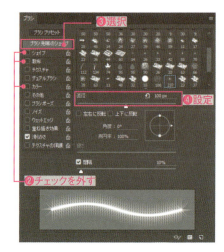

09-04 ブラシを使って水滴を描く

BEFORE → **AFTER**

Photoshopでは、ブラシの形状の設定によって、さまざまな形状の線を描画できます。ここでは、徐々に小さくなる円を描画し、レイヤースタイルと併用して水滴を描くテクニックを紹介します。

PART09 ▶ 09_04.psd

1

サンプルファイル（09_04.psd）を開きます❶。レイヤーパネルの［新規レイヤーを作成］をクリックして❷、「レイヤー1」レイヤーを作成します❸。

2

ツールパネルの［描画色と背景色を初期設定に戻す］をクリックし❶、［描画色と背景色を入れ替え］をクリックします❷。ブラシツール を選択します❸。ブラシパネルで、ぼけ足のない［硬さ］が「100％」のブラシを選択します❹。［直径］を「10px」❺、［間隔］にチェックをつけ「150％」に設定します❻。［シェイプ］の文字部分をクリックして選択します❼。［サイズのジッター］を「50％」❽、［コントロール］を「フェード」に設定します❾。

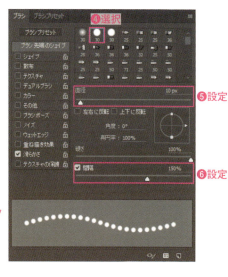
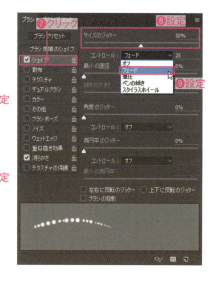

Macでは、キーは次のようになります。　Ctrl → ⌘　Alt → option　Enter → return

09-04 ブラシを使って水滴を描く

3 [散布]の文字部分をクリックして選択します❶。[散布]のスライダーをドラッグし「1000%」に設定します❷。オプションバーで[不透明度]を「100%」に設定したら❸、ブラシの設定は完了です。ドラッグすると❹、軌跡に沿って大きな円から小さな円が吹き付けられるように描画されるので、何度もドラッグして画面いっぱいに描画します❺。

4 「レイヤー1」が選択されている状態で[レイヤースタイルを追加]をクリックし❶、[ベベルとエンボス]を選択します❷。[レイヤースタイル]ダイアログボックスが表示されるので、[初期設定に戻す]をクリックして初期設定に戻します❸。[サイズ]を「6」に設定し❹、[光沢輪郭]のサムネールをクリックして「円錐 - 反転」に設定します❺。CC2014より前のバージョンでは、[ハイライトのモード]と[シャドウのモード]の[不透明度]をそれぞれ「50」に設定します。設定したら[OK]をクリックします❻。円に立体感が出て、水滴のようになりました。

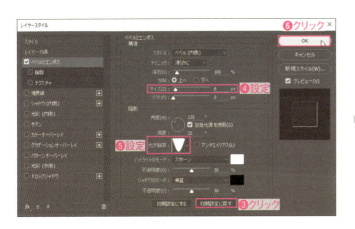

POINT レイヤースタイルの初期設定

[初期設定に戻す]をクリックすると、初期設定値に戻せます。よく使う設定値がある場合は、[初期設定にする]をクリックすると、設定されている値が初期設定となります。

5

「レイヤー1」が選択されている状態で、[塗りつぶしまたは調整レイヤーを新規作成]をクリックし、「露光量」を選択します❶。レイヤーパネルに「露光量1」レイヤーが追加されるので、「レイヤー1」レイヤーとの境界部分を Alt キーを押しながらクリックします❷。これで、「露光量1」レイヤーの色調補正は、「レイヤー1」だけに限定して適用されます。

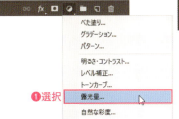

6

属性パネルで、「露光量」のスライダーを「-4」近くまでドラッグします❶。水滴全体が暗くなります。

7

グラデーションツールを選択します❶。レイヤーパネルで「露光量1」レイヤーのレイヤーマスクサムネールが選択されていることを確認し❷、画像の左上から右下にドラッグします❸。レイヤーマスクが適用され、左上から光が当たり、右下に向かって水滴が徐々に暗くなりました。

PART 09 | ブラシを使った描画テクニック

09-05 幅1ピクセルの細いブラシを作成する

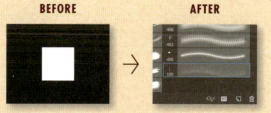

「09-06」で炎を描画するのですが、細いブラシが必要となります。そのため、ブラシ用の小さな画像で一列選択ツールを使って、幅1ピクセルの細い画像を作成してブラシに登録します。

PART09 ▶ 09_05.psd

1

サンプルファイル（09_05.psd）を開きます❶。このファイルは、100×100ピクセルの小さなカンバスで、背面にホワイトで塗られた「べた塗り1」レイヤーがあり、前面に画像のない「レイヤー1」レイヤーがあります❷。「レイヤー1」レイヤーにブラシ画像を描画していきます。

2

グラデーションツールを選択し❶、[描画色と背景色を初期設定に戻す]をクリックし❷、描画色を「ブラック」にします。オプションバーで、グラデーションサムネール横の▼をクリックし❸、プリセットから「描画色から透明に」を選択します❹。続いて、カンバス下の外側でカンバスサイズと同じぐらい離れた場所から Shift キーを押しながらカンバスの上端までドラッグして❺、グラデーションで塗りつぶします❻。

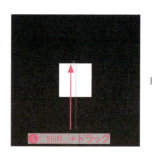
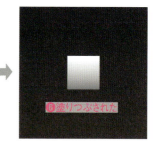

3

ピクセルがはっきりわかるように600％程度まで拡大表示します❶。一列選択ツールを選択し❷、画像上の中央上をクリックします（正確に真ん中でなくてかまいません）❸。クリックした箇所の1ピクセルの列が選択されます❹。

09-05 幅1ピクセルの細いブラシを作成する

4

[選択範囲]メニュー→[選択範囲を反転]を選択します❶。選択範囲が反転したら[Delete]キーを押して、手順3で選択した一列以外を削除します❷。選択範囲は、背面の「べた塗り1」レイヤーのホワイトが表示されます❸。[Ctrl]キーと[D]キーを押して、選択を解除します❹。

❶選択

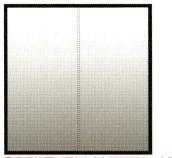
❷選択範囲が反転したら[Delete]キーを押す

❸削除された箇所は背面が見える
❹[Ctrl]+[D]で選択解除

5

鉛筆ツール を選択します❶。一列残っているグラデーションの下から3ピクセルだけをクリックして、ブラックで塗ります❷。

❶選択

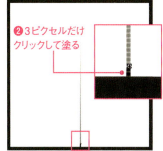
❷3ピクセルだけクリックして塗る

6

レイヤーパネルで、「べた塗り1」レイヤーの[レイヤーの表示/非表示]をクリックして非表示にします❶。背景に透明グリッドが表示されたら、[Ctrl]キーと[A]キーを押して、すべてを選択します❷。

❶クリック

❷[Ctrl]+[A]ですべて選択

7

[編集]メニュー→[ブラシを定義]を選択します❶。[ブラシ名]ダイアログボックスが表示されるので、[名前]に「pin」と入力し❷、[OK]をクリックします❸。ブラシプリセットパネルで、ブラシが登録されたことを確認します❹。

❶選択

❷入力　❸クリック

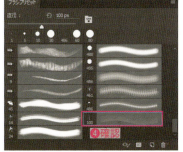
❹確認

Macでは、キーは次のようになります。　[Ctrl]→[⌘]　[Alt]→[option]　[Enter]→[return]

| PART 09 | ブラシを使った描画テクニック

09-06

[ゆがみ]効果と指先ツールでブラシで描いた線をリアルな炎にする

BEFORE  → **AFTER**

ブラシを使い、炎を描画します。ブラシのカラーを、オレンジ系の描画色と背景色の混合となるようにするのがポイントです。[ゆがみ]効果と指先ツールで、変形すればリアルな炎を表現できます。

📥 PART09 ▶ 09_06.psd

1

サンプルファイル（09_06.psd）を開きます❶。このファイルは背景に「グラデーション1」レイヤーがあり、前面に[光彩（外側）]効果を適用したテキストレイヤー、最前面に画像のない「レイヤー1」レイヤーがありますが❷。「レイヤー1」レイヤーに炎を描画していきます。

POINT — ブラシついての注意

ここでは、「09-05」で作成した「pin」ブラシを使用します。「09-05」を行っていない場合は、先に「09-05」でブラシを登録してください。

※使用環境にフォントがない場合はTypekitからダウンロードしてください。

2

ツールパネルで、背景色のボックスをクリックします❶。[カラーピッカー（背景色）]ダイアログボックスが表示されるので❷、画像の「a」の丸の中をクリックしてオレンジ色を拾います❸。[カラーピッカー（背景色）]ダイアログボックスにクリックした色が反映されるので[OK]をクリックします❹。

| 3 | 描画色のボックスをクリックします❶。[カラーピッカー(描画色)]ダイアログボックスが表示されるので、背景色と同系の色として「R=255 G=120 B=0」に設定し❷、[OK]をクリックします❸。

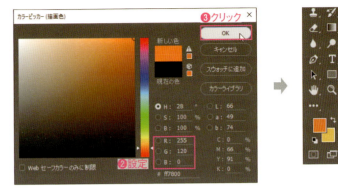

| 4 | ブラシツール を選択します❶。ブラシプリセットパネルで、「09-05」で登録した「pin」ブラシを選択します❷。ブラシパネルを表示し、[直径]を「200px」❸、[角度]を「30」に設定します❹。続いて、[カラー]をクリックして選択し❺、[描点ごとに適用]をチェックし❻、[描画色・背景色のジッター]を「50%」❼、そのほかは「0%」に設定します❽。

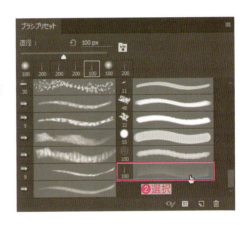

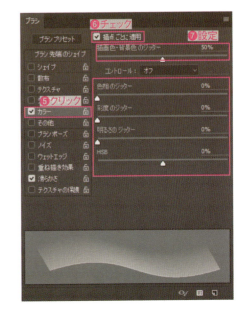

| 5 | ブラシの設定が終わったら、炎の元となるブラシストロークを描きます。炎のゆらめきが再現できるように、画像の上から下に向けてカンバスからはみ出るようにドラッグして描画します❶。同様に、何本も描画します❷。

| 6 | ［フィルター］メニュー→［ゆがみ］を選択します❶。［ゆがみ］ダイアログボックスが表示されるので、［詳細モード］をチェックします❷。［追加レイヤーのプレビュー表示］をチェックし❸、［モード］を「背面に」❹、［不透明度］を「100」に設定します❺。渦ツール-(右回転) を選択し❻、［サイズ］を「300」、［筆圧］を「100」、［密度］［割合］を「50」に設定します❼。ブラシで描いた部分を少しドラッグしてゆがませます❽。ドラッグを繰り返して、全体をゆがませたら❾、［OK］をクリックします❿。

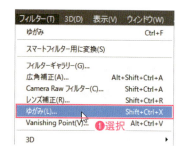

POINT

［モード］を「前面」にすると、ブラシ描画を変形できないので、［背面］で作業します。そのため、元のブラシの形状がそのまま表示されるので、適用後には消えると仮定して変形してください。

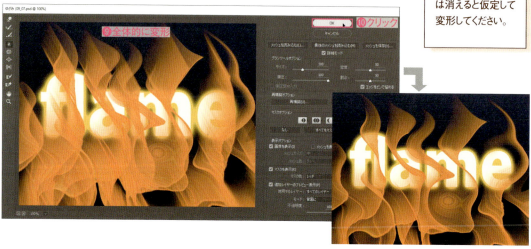

7

ツールパネルで指先ツール を選択します❶。オプションバーで、ブラシサムネールをクリックし❷、ブラシプリセットピッカーで［直径］を「100px」、［硬さ］を「0％」に設定します❸。

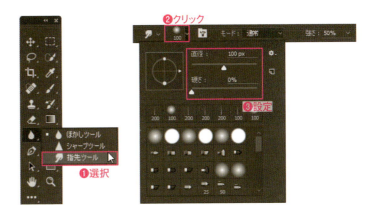

8

ブラシで描いた部分を少しドラッグして変形します❶。ドラッグを繰り返して、全体的に炎がゆらめいているように変形します❷。

9

レイヤーパネルで「レイヤー1」レイヤーを［新規レイヤーを作成］にドラッグして❶、コピーとなる「レイヤー1のコピー」レイヤーを作成します❷。レイヤーが二重になるので、炎の色が濃くなります❸

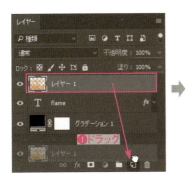

10 ［編集］メニュー→［塗りつぶし］を選択します❶。［塗りつぶし］ダイアログボックスが表示されるので、［内容］（CS6からCC2014は［使用］）に「背景色」を選択し❷、［透明部分の保持］をチェックして❸、［OK］をクリックします❹。これで、炎の色が背景色で塗りつぶされます❺。［透明部分の保持］をチェックしてあるので、透明部分は塗りつぶされません。

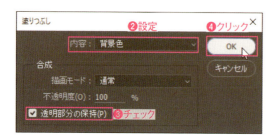

11 レイヤーパネルで、「レイヤー1のコピー」レイヤーが選択されていることを確認し❶、［描画モード］を［オーバーレイ］に設定します❷。背景色と描画色が描画モードで掛けあわされて、炎のような色になりました❸。

→

12 レイヤーパネルで、テキストレイヤーを「レイヤー1のコピー」レイヤーの上にドラッグして移動します❶。テキストが最前面に移動したら完成です❷。

→

PART 10

Easy-to-understand Reference book of Photoshop Professional Technical design

画像の修正や修復の
テクニック

Photoshopには、画像の傷や不要な部分を消したり修復するためのツールがたくさん用意されています。かなりの部分をオートマチックに修正できますが、手作業での微調整が必要となることもあります。本PARTでは、画像の修正や修復のテクニックを紹介します。

10-01 画像の一部を残したまま違和感なく変形する

BEFORE　AFTER

[コンテンツに応じて拡大・縮小] コマンドは、元画像を違和感なく拡大・縮小できる便利な機能です。変形したくない部分をアルファチャンネルとして保存しておくと、その部分を除いて変形できます。

PART10 ▶ 10_01.psd

1

サンプルファイル（10_01.psd）を開きます❶。このファイルには「レイヤー1」レイヤーに海の画像があります❷。

2

[イメージ] メニュー→ [カンバスサイズ] を選択します❶。[カンバスサイズ] ダイアログボックスが表示されるので、単位を「pixel」に変更し❷、[幅] を「1000」に設定します❸。[基準位置] を「右中央」に設定し❹、[OK] をクリックします❺。画像左側に余白ができます❻。

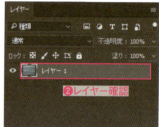

3

レイヤーパネルで「レイヤー1」レイヤーを [新規レイヤーを作成] にドラッグします❶。「レイヤー1のコピー」レイヤーができるので、「レイヤー1」レイヤーの [レイヤーの表示／非表示] をクリックして非表示にします❷。

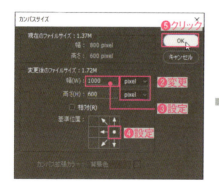

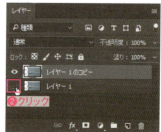

10-01　画像の一部を残したまま違和感なく変形する

4

クイック選択ツール を選択します❶。画像上の左のヨットの上をドラッグして選択します❷。同様に、右上のヨットも選択します❸。ドラッグ位置が海面にはみ出ると、海面が広く選択されてしまうので、ヨットの帆や船体を部分をドラッグして、ヨットの周囲の海面だけが選択されるようにしてください。

5

チャンネルパネルで、[選択範囲をチャンネルとして保存]をクリックします❶。選択範囲が「アルファチャンネル1」チャンネルに保存されます❷。保存したら、[Ctrl]キーと[D]キーを押して、選択範囲を解除します❸。

6

[編集]メニュー→[コンテンツに応じて拡大・縮小]を選択します❶。オプションバーで[保護]に「アルファチャンネル1」を選択します❷。バウンディングボックスが表示されるので、左中央のハンドルをカンバスの左端までドラッグします❸。ドラッグしたら、オプションバーの[変形を確定]をクリックします❹。ヨットの形状はそのままに、海面だけが変形します❺。

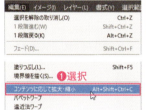

Macでは、キーは次のようになります。　[Ctrl]→[⌘]　[Alt]→[option]　[Enter]→[return]

189

PART 10　画像の修正や修復のテクニック

10-02 [コンテンツに応じる]と[ヒストリー]を使って電柱・電線を消す

CC　CS6

BEFORE → AFTER

[塗りつぶし]やスポット修復ブラシでは、[コンテンツに応じる]を使うと電柱などの不要な要素を消去できます。ただし、きれいに消去するには、元画像を上手に使いひと手間かけて消去します。

PART10 ▶ 10_02.psd

1

サンプルファイル（10_02.psd）を開きます❶。このファイルには「背景」レイヤーに画像があります❷。

❶開く

❷レイヤー確認

2

Ctrlキーと Jキーを押して❶、「背景」レイヤーのコピーである「レイヤー1」レイヤーを作成します❷。「レイヤー1」レイヤーが選択された状態で、長方形選択ツールを選択し❸、画像中央やや左に見える電柱を囲むようにドラッグして選択します❹。

❶Ctrl+J
❷作成される

❸選択

❹ドラッグ

3

[編集]メニュー→[塗りつぶし]を選択します❶。[塗りつぶし]ダイアログボックスが表示されるので、[内容]（CS6からCC 2014は[使用]）に「コンテンツに応じる」を選択し❷、[OK]をクリックします❸。選択した範囲が周囲の画像に応じて塗りつぶされ、電柱が見えなくなりました❹。Ctrlキーと Dキーを押して、選択を解除します❺。

❶選択

❷選択　❸クリック

❹電柱が消えた
❺ Ctrl+D で選択解除

4 スポット修復ブラシツールを選択します❶。オプションバーで、ブラシのサムネールをクリックして❷、ブラシの［直径］を「19px」、［硬さ］を「100％」に設定し❸、［種類］に「コンテンツに応じる」が選択されていることを確認します❹。木々の間から見える電線の上をドラッグして電線を消します❺❻。一度に消そうとせずに、何度かにわけてドラッグして消してください。

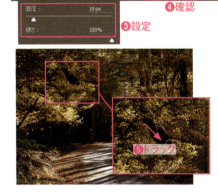

5 電線と電柱を消したら、レイヤーパネルで「レイヤー1」レイヤーを［新規レイヤーを作成］にドラッグします❶。コピーレイヤーである「レイヤー1のコピー」レイヤーが作成されます❷。

6 ヒストリーパネルで［新規スナップショットを作成］をクリックします❶。ヒストリーパネルの上部に「スナップショット1」が作成されます❷。このスナップショットは電線と電柱を消した状態です。レイヤーパネルで「レイヤー1」レイヤーの［レイヤーの表示／非表示］をクリックして非表示にします❸。

7 レイヤーパネルで「レイヤー1のコピー」レイヤーの［不透明度］を「50％」に設定します❶。これで、「背景」レイヤーに残っている電柱と電線が、薄く表示されます❷。

Macでは、キーは次のようになります。 Ctrl → ⌘　Alt → option　Enter → return

10-02　［コンテンツに応じる］と［ヒストリー］を使って電柱・電線を消す

8 ヒストリーブラシツールを選択し❶、ヒストリーパネルの上部で、ヒストリーブラシソースが「10_02.psd」になっていることを確認します❷。ブラシパネルで［直径］が「30px」、［硬さ］が「0%」のぼけ足のあるブラシを選択します❸。

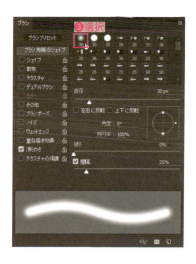

9 手順3で、電柱を囲んで塗りつぶしましたが、電柱が見えない部分も塗りつぶされているので、その部分を元に戻しましょう。木の陰になって電柱が見えない部分をドラッグして塗ります❶。電柱の上の部分❷、境界部分も❸、丁寧にドラッグしてください。また、手順4のスポット修復ブラシツールで消した電線部分も、周囲に比べて茶色く目立つ部分をドラッグして元に戻します❹。その際、電線が見えるようになることがありますが、後で再度消すのできれいになるように元に戻してください。

元の状態と比較する

レイヤーパネルで、「レイヤー1のコピー」レイヤーの［レイヤーの表示／非表示］をクリックして、「背景」レイヤーだけの表示にすることで、「レイヤー1のコピー」レイヤーとの比較ができます。連続して表示／非表示を切り替えると、視覚的に塗り漏れがあるかを確認できます。

10 レイヤーパネルで「レイヤー1のコピー」レイヤーの［不透明度］を「100%」に戻します❶。「背景」レイヤーが見えなくなり、電柱と電線が消された状態に戻ります❷。

❷電線と電柱が消された状態に戻る

10-02 ［コンテンツに応じる］と［ヒストリー］を使って電柱・電線を消す

11 ヒストリーパネルの上部で、ヒストリーブラシソースを「スナップショット1」に設定します❶。ブラシパネルで［直径］を「10px」に変更します❷。

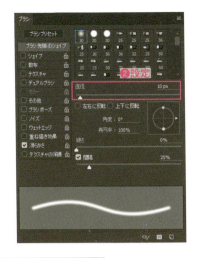

12 手順9で、元に戻しすぎて見えるようになってしまった電線部分をドラッグして消します❶。ヒストリーブラシソースは、電線と電柱を消した直後の状態なので、ドラッグした部分は消えた状態で塗られます。

13 ヒストリーパネルで「スナップショット1」と❶、ヒストリーの最後に表示されている「ヒストリーブラシ」を❷、交互にクリックして、手順4で電柱と電線を消去した状態と手順11の状態を比較してみましょう。かなりきれいに消去できていることがわかります。

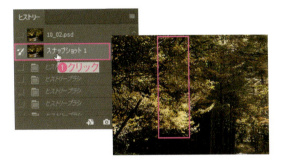

14 レイヤーパネルで「レイヤー1のコピー」レイヤーに［レイヤーの表示／非表示］をクリックして、表示／非表示を切り替え❶❷、きれいに消去できているかを最終確認します。

Macでは、キーは次のようになります。　Ctrl → ⌘　Alt → option　Enter → return

PART 10 画像の修正や修復のテクニック

10-03 [コンテンツに応じた移動]で画像の一部を違和感なく移動する

BEFORE → AFTER

コンテンツに応じた移動ツールを使うと、選択範囲の画像を、ほかの場所に違和感なく移動できる便利なツールです。移動元の塗りつぶしが不自然な場合は、コンテンツに応じた移動ツールで塗りつぶしましょう。

PART10 ▶ 10_03.psd

1

サンプルファイル（10_03.psd）を開きます❶。「レイヤー1」レイヤーと「レイヤー1のコピー」レイヤーに同じ海の画像があり、前面の「レイヤー1」レイヤーは非表示になっています❷。

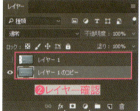

2

クイック選択ツール を選択します❶。画像の左のヨットの上をドラッグして選択します❷。同ドラッグ位置が海面にはみ出ると広く海面が選択されてしまうので、ヨットの帆や船体を部分をドラッグしてください。海面部分が広く選択された場合は、選択範囲の周辺部分 Alt キーを押しながらドラッグして選択範囲を狭めてください❸。

3

コンテンツに応じた移動ツール を選択し❶、オプションバーで、[構造]を「7」、[カラー]を「10」に設定し（CC2014より前のバージョンでは[適応]を「厳密に」に設定）❷、[ドロップ時に変形]のチェックを外します❸。選択した左のヨットをドラッグして右側に移動します❹。ヨットは選択範囲ごと違和感なくコピーされ❺、元の位置は周囲の海面で自動で塗りつぶされます❻。

10-03 ［コンテンツに応じた移動］で画像の一部を違和感なく移動する

4 ヨットがあった場所の塗りつぶしがきれいでないので、周囲の海面の画像を使って修復しましょう。長方形選択ツール を選択し❶、ヨットのあった範囲の右側に、ヨットのあった場所よりも少し大きいぐらいのサイズの選択範囲を作成します❷。

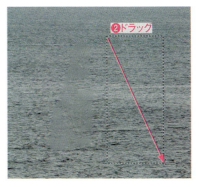

5 コンテンツに応じた移動ツール を選択し❶、オプションバーで、［モード］を「拡張」に設定します❷。選択範囲をヨットがあった場所にドラッグします❸。ヨットのあった場所に、選択範囲の海面が違和感なくコピーされます❹。

6 塗りつぶした範囲で違和感がある箇所は、コピースタンプツール を使って修復します。コピースタンプツール を選択し❶、塗りつぶしに使うソースの基準点を Alt キーを押しながらクリックして指定します（作例と同じ場所でなくてかまいません）❷。気になる部分をドラッグして、コピーソースとなる海面の画像で塗ります（気になる部分をドラッグしてください）❸。何度か同じ操作を繰り返して、より自然になるように修復します。

POINT 移動先の修正
ヨットの移動先で、周辺部分に違和感がある場合も、コピースタンプツールを使って修復してください。

Macでは、キーは次のようになります。　Ctrl → ⌘　　Alt → option　　Enter → return

PART 10 画像の修正や修復のテクニック

[パペットワープ]を使い 手描き画像の描き直しを回避する

BEFORE → AFTER

ブラシなどを使って手描きした画像を修正をする場合、通常は描き直しが必要です。[パペットワープ]を使うと、簡単な修正であれば変形操作で対応でき、描き直し作業の手間を回避できます。

PART10 ▶ 10_04.psd

1

サンプルファイル（10_04.psd）を開きます❶。背面に「パターン1」レイヤーがあり、前面の「レイヤー1」レイヤーに、ブラシで描画した画像があります❷。この画像に線を延ばすなどの修正が必要となったとして、[パペットワープ]を使って修正していきましょう。

❶開く

❷レイヤー確認

2

レイヤーパネルで「レイヤー1」レイヤーを[新規レイヤーを作成]にドラッグし、コピーします❶。「レイヤー1のコピー」レイヤーができたら❷、「レイヤー1」レイヤーの[レイヤーの表示／非表示]をクリックして非表示にします❸。

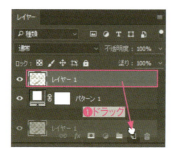

❶ドラッグ

❷作成された
❸クリック

3

[編集]メニュー→[パペットワープ]を選択します❶。画像に、メッシュが表示されます❷。

❶選択

❷メッシュが表示される

196

10-04 ［パペットワープ］を使い手描き画像の描き直しを回避する

4 「h」の文字の長い縦棒を伸ばしましょう。変形時に固定したい部分として、縦棒の両端と中央をクリックして調整ピンを追加します❶❷❸。右上もクリックしてピンを追加します❹。場所は完全に一致しなくてもかまいません。

5 Aのピンを右上にドラッグして、長い縦棒を伸ばします。座標値が表示されるので、「X:56.3mm」「Y:5.0mm」を目安にドラッグしてください❶。Bのピンを少しだけ右上にドラッグして縦棒がそるように変形します❷。

6 続いてブラシの柄を変形します。メッシュ上をクリックして、調整ピンを4つ設定します❶❷❸❹。場所は完全に一致しなくてもかまいません。Cのピンを左上にドラッグして、ブラシの柄がそるように変形します❺。

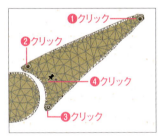 

7 最後にブラシの毛先を変形します。メッシュ上をクリックして、調整ピンを3つ設定します❶❷❸。場所は完全に一致しなくてもかまいません。Dのピンを少し左下にドラッグして、毛先がそるように変形します❹。

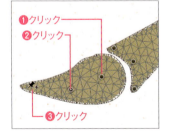 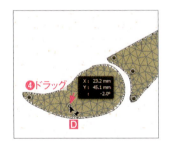

8 オプションバーの［パペットワープを確定］をクリックします❶。変形され❷、手描きの画像を描き直さずに修正できました。

Macでは、キーは次のようになります。　Ctrl → ⌘　　Alt → option　　Enter → return

PART 10 画像の修正や修復のテクニック

[Camara Raw フィルター] を使って
やり直し可能な修復をする

10-05

CC　CS6

BEFORE　AFTER

Photoshopには、さまざまな画像を修復するツールがありますが、どれも直接画像を修正するために、元に戻すことができません。[Camara Rawフィルター] を使えば、やり直し可能な状態で傷を修復できます。

PART10 ▶ 10_05.psd

1

サンプルファイル（10_05.psd）を開きます❶。このファイルには「レイヤー1」レイヤーに洋梨の画像があります❷。

2

レイヤーパネルの「レイヤー1」レイヤーを選択し❶、パネルメニューを表示して❷、[スマートオブジェクトに変換] を選択します❸。「レイヤー1」レイヤーのアイコンが変わります❹。

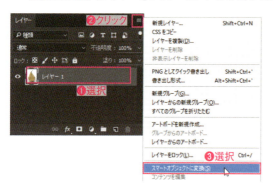

3

[フィルター] メニュー→[Camera Rawフィルター] を選択します❶。[Camera Raw] ダイアログボックスが表示されます❷。画像内が赤く表示された場合は、[ハイライトクリッピング警告] をクリックしてください❸。

198

10-05 ［Camara Rawフィルター］を使ってやり直し可能な修復をする

| 4 | スポット修正ツール を選択します❶。［サイズ］を「20」に設定し❷、洋梨の右側の傷の部分をドラッグします❸。修復対象範囲は赤いピンが表示され❹、修復に利用するサンプル範囲は緑のピンが表示されます❺（ドラッグの形状によって、表示される位置は異なります）。ピンをドラッグすると、範囲を移動できるので、ここでは緑のピンをドラッグして境界部分からやや内側のきれいな部分に移動してください❻。修復対象範囲は、サンプル範囲の画像を使って修復されます。 |

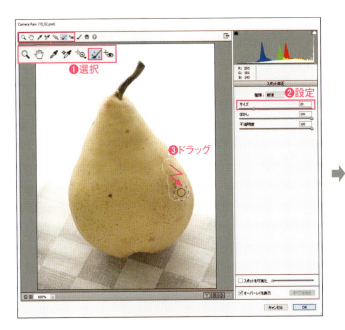
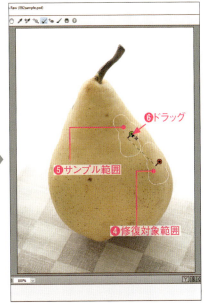

| 5 | 続いて、中央やや左の大きな傷を修復します。傷の上にマウスポインタを移動して、クリックします❶。ここでは修復対象範囲が赤と白の点線、サンプル範囲が緑と白の点線で表示されるので、サンプル範囲の内側をドラッグして修復範囲の右側に移動します❷。手順4で指定した修復範囲は、ピンが表示されます❸。修復範囲とサンプル範囲が決まったら［OK］をクリックします❹。 |

Macでは、キーは次のようになります。　Ctrl → ⌘　　Alt → option　　Enter → return

10-05 ［Camara Rawフィルター］を使ってやり直し可能な修復をする

6

傷が修復されました❶。［Camera Rawフィルター］は、スマートフィルターとしてレイヤーパネルに表示されます❷。

❶傷が修復された

❷表示される

7

［Camera Rawフィルター］は、スマートフィルターなので、やり直しも可能です。ここでは、一度修復した傷を元に戻してみましょう。レイヤーパネルの［Camera Rawフィルター］をダブルクリックします❶。再度、［Camera Raw］ダイアログボックスが表示されるので、スポット修正ツール を選択し❷、中央やや左の修復範囲の内部をクリックして選択します❸。

❶ダブルクリック

❷選択
❸クリック

8

Delete キーを押すと❶、選択した修復範囲が削除されます❷。［OK］をクリックしてダイアログボックスを閉じます❸。削除した修復範囲だけが元に戻っていることを確認します❹。

❶ Delete キーを押す
❷元に戻った

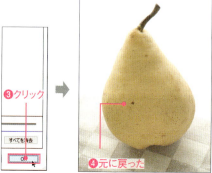
❸クリック
❹元に戻った

PART 11

Easy-to-understand Reference book of Photoshop Professional Technical design

カラー／グラデーション／パターンのテクニック

画像の主体を切り抜いて表示するときなど、グラデーションやパターンの背景を作成することはよくあることです。プリセットを使ってもかまいませんが、ひとひねり加えて独自性を出すとよいでしょう。本PARTでは、カラー／グラデーション／パターンの設定や使い方のテクニックについて紹介します。

| PART 11 | カラー／グラデーション／パターンのテクニック

グラデーションを使って
被写体が目立つ背景を作成する

11-01

CC CS6

BEFORE　AFTER

被写体を目立たせるために、背景をグラデーションで塗ることはよくあります。グラデーションの塗りつぶしは、グラデーションレイヤーで作成しておくと、後からで修正できます。覚えておきたい基本テクニックです。

PART 11 ▶ 11_01.psd

1

サンプルファイル（11_01.psd）を開きます❶。このファイルには、「レイヤー1」レイヤーに画像があり❷、ベクトルマスクで貝の形状で切り抜かれています。

2

レイヤーパネルで［塗りつぶしまたは調整レイヤーを新規作成］をクリックして❶、表示されたメニューから［グラデーション］を選択します❷。

3

［グラデーションで塗りつぶし］ダイアログボックスが開くので、グラデーションボックスをクリックします❶。［グラデーションエディター］ダイアログボックスが開くので、プリセットの「黒、白」のグラデーションをクリックして選択します❷。
スライダー左側の分岐点のアイコンをダブルクリックします❸。

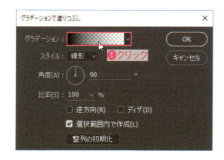

11-01 グラデーションを使って被写体が目立つ背景を作成する

4 ［カラーピッカー（ストップカラー）］ダイアログボックスが開くので、カラーフィールドの○を左側境界部分に沿って上にドラッグして❶、「R=60 G=60 B=60」に設定し❷、［OK］をクリックします❸。［グラデーションで塗りつぶし］ダイアログボックスで［OK］をクリックし❹、［グラデーションで塗りつぶし］ダイアログボックスでも［OK］をクリックします❺。画像の前面がグラデーションで塗られます❻。

5 「グラデーション1」レイヤーをドラッグして「レイヤー1」レイヤーの背面に移動します❶。貝の画像が前面に表示されます。

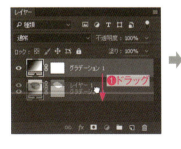

POINT グラデーションの再設定

レイヤーパネルのグラデーションサムネールをダブルクリックすると、［グラデーションで塗りつぶし］ダイアログボックスを表示して、グラデーションの内容を変更できます。
また、レイヤーマスクを使えるので、グラデーションの適用部分を部分的に調節することも可能です。

| PART 11 | カラー／グラデーション／パターンのテクニック

11-02 花のパターンで空白がなくなるように塗りつぶす

CC CS6

BEFORE AFTER

パターンでの塗りつぶしは、パターンの定義時に選択範囲に余分な空白を作らないことがポイントです。また、画像を縮小する際には、スマートオブジェクトに変換しておけば、後から元画像を利用するときに劣化なく画像サイズを戻せます。

PART 11 ▶ 11_02.psd

1

サンプルファイル（11_02.psd）を開きます❶。このファイルは、「背景」レイヤーがホワイトで塗りつぶされ、「レイヤー1」レイヤーに、切り抜いた花の画像があります❷。

2

レイヤーパネルの「レイヤー1」レイヤーを選択し❶、パネルメニューから［スマートオブジェクトに変換］を選択します❷。「レイヤー1」レイヤーの画像がスマートオブジェクトに変換され、アイコンが変わります❸。花をパターンの画像として使用するために変形しますが、元画像を残すために変換しています。

 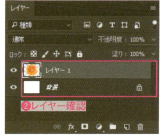

3

［編集］メニュー→［自由変形］を選択します❶。画像の周りにバウンディングボックスが表示されます❷。

POINT

［自由変形］のキーボードショートカットは Ctrl + T です。よく使うので覚えておきましょう。

11-02 花のパターンで空白がなくなるように塗りつぶす

4 オプションバーで、[縦横比を固定]をクリックしてオンにし❶、[W]に「35」と入力します❷。画像が35％に縮小されたことを確認して❸、[変形を確定]をクリックします❹。

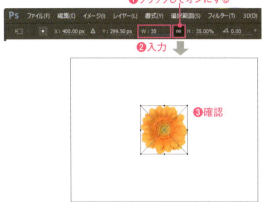

5 パターンの範囲を定義する選択範囲を作成します。長方形選択ツール を選択し❶、花の左上からドラッグを開始します❷。マウスボタンは押したままにしてください。 スペース キーを押すと❸それまでにドラッグした選択範囲を移動できるので、選択範囲に花がピッタリ収まる位置に移動します❹。CC2015では、花のピクセルにフィットするとピンク色のガイドラインが表示されるので目安としてください。位置を移動したら スペース キーを離し❺、ドラッグを続けて右下も花がピッタリ収まるように選択します❻。

6 レイヤーパネルで、「背景」レイヤーの[レイヤーの表示/非表示]をクリックして非表示にします❶。

7 [編集]メニュー→[パターンを定義]を選択します❶。[パターン名]ダイアログボックスが表示されるので、[パターン名]に「花1」と入力して❷、[OK]をクリックします❸。

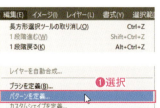

Macでは、キーは次のようになります。 Ctrl → ⌘ Alt → option Enter → return

205

11-02 花のパターンで空白がなくなるように塗りつぶす

8 レイヤーパネルで、[新規レイヤーを作成]をクリックして❶、「レイヤー2」レイヤーを作成します❷。「レイヤー1」レイヤーの[レイヤーの表示／非表示]をクリックして非表示にします❸。Ctrlキーと Dキーを押して、選択を解除します❹。

9 [編集]メニュー→[塗りつぶし]を選択します❶。[塗りつぶし]ダイアログボックスが表示されるので、[内容]（CS6〜CC 2014では[使用]）に「パターン」を選択します❷。パターンボックスをクリックして登録したパターン「花1」を選択します❸。[スクリプト]をチェックして❹、[対称塗り]を選択したら❺、[OK]をクリックします❻。

10 [対称塗り]ダイアログボックスが表示されるので[幅に沿ったパターン平行移動]を「40」❶、[高さに沿ったパターン平行移動]を「100」に設定して❷、[OK]をクリックします❸。「レイヤー2」レイヤーがパターンで塗られます❹。なお、CS6では、このダイアログボックスが表示されずにパターンで塗りつぶされますが、パターンの間に隙間ができるので、スポット修復ブラシツールなどを使って埋めてください。

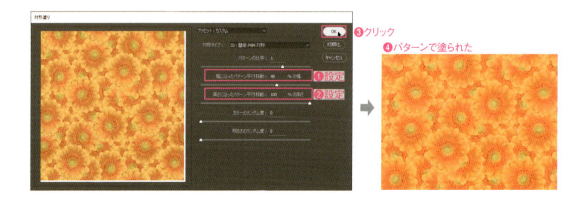

11-02　花のパターンで空白がなくなるように塗りつぶす

| 11 | レイヤーパネルで、「レイヤー1」レイヤーの[レイヤーの表示/非表示]をクリックして表示します❶。続けて、「レイヤー2」レイヤーをドラッグして、「レイヤー1」レイヤーの下に移動します❷。中央に、パターン作成に使った画像が表示されます❸。

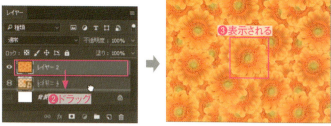

| 12 | レイヤーパネルで、「レイヤー1」レイヤーを選択して❶、[編集]メニュー→[自由変形]を選択します❷。画像の周りにバウンディングボックスが表示されます❸。

| 13 |

オプションバーで、[縦横比を固定]をクリックしてオンにし❶、[W]に「100」と入力します❷。画像が100%に戻ったこと確認して❸、[変形を確定]をクリックします❹。スマートオブジェクトに変換してあるので、パターンの元となった画像を劣化せずに拡大できます。

| 14 |

移動ツールを選択します❶。花の画像を右下にドラッグして、位置を変更します❷。

Macでは、キーは次のようになります。　Ctrl → ⌘　　Alt → option　　Enter → return

11-03

実物の画像から色を拾ってリアルなグラデーションにする

PART 11 カラー／グラデーション／パターンのテクニック

BEFORE → AFTER

Photoshopのグラデーションは、多彩な表現が可能ですが、色を指定するのに実物の画像を使うとよりリアルな色を再現しやすくなります。ここでは、金色のリボンのグラデーションに、金の皿の色を利用するテクニックを紹介します。

PART 11 ▶ 11_03A.psd、11_03B.psd

1 サンプルファイル（11_03A.psd）を開きます❶。「11_03A.psd」には、白い「レイヤー0」レイヤーの上に、「角丸長方形1」「長方形1」「長方形1のコピー」「多角形1」のシェイプレイヤーがあります。赤い「角丸長方形1」レイヤーには、レイヤースタイルが適用されています。最前面はテキストレイヤーです❷。もうひとつのサンプルファイル（11_03B.psd）も開きます❸。これは、金色の葉っぱのお皿の画像です。ふたつの画像をタブ表示からウィンドウ表示に切り替えて、重ならないようにできるだけ離して表示してください（縮小表示してもかまいません）❹。

※使用環境にフォントがない場合はTypekitからダウンロードしてください。

2 「11_03A.psd」を選択し、レイヤーパネルで「長方形1」レイヤーを選択して❶、[レイヤースタイルを追加]をクリックし❷、表示されたメニューから[グラデーションオーバーレイ]を選択します❸。[レイヤースタイル]ダイアログボックスが表示されるので、[初期設定に戻す]をクリックしてから❹、グラデーションボックスをクリックします❺。

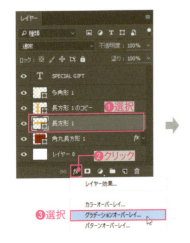

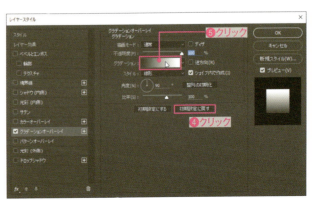

11-03 実物の画像から色を拾ってリアルなグラデーションにする

3 ［グラデーションエディター］ダイアログボックスが表示されるので、⚙をクリックし❶、メニューから［メタル］を選択します❷。ダイアログボックスが表示されるので、［追加］をクリックします❸。プリセットに「メタル」のグラデーションが追加されるので❹、［真鍮］をクリックします❺。適用されたグラデーションがプレビューに表示されます❻。

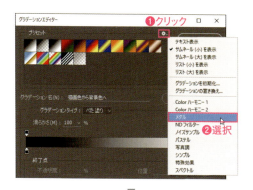

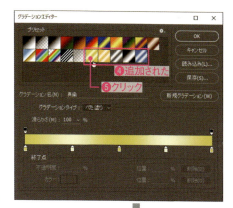

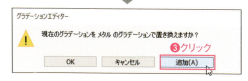

4 ［グラデーションエディター］ダイアログボックスの下部に表示されたグラデーションバーの一番左の分岐点をクリックして選択します❶。「11_03B.psd」の画像の上にマウスカーソルを移動し、茎の根元の左側の暗い部分をクリックします❷。クリックした点が分岐点の色に適用されます❸。プレビューのグラデーションの色も変わります❹。

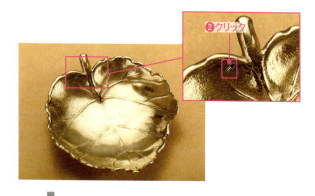

Macでは、キーは次のようになります。　Ctrl → ⌘　　Alt → option　　Enter → return

5 同じ手順で、ほかの分岐点ABCDの色も、「11_03B.psd」のABCDの箇所をそれぞれクリックして設定します❶。位置は正確でなくてかまいません。暗い色と明るい色が交互になるように設定してください。

❶ほかの分岐点の色も同様に設定

6 ［グラデーション名］に「ゴールド」と入力し❶、［新規グラデーション］をクリックします❷。プリセットに新しいグラデーションが追加されたことを確認して❸、［OK］をクリックします❹。

7 ［レイヤースタイル］ダイアログボックスに戻るので、［角度］を「0」❶、［比率］を「80」に設定して❷、［OK］をクリックします❸。レイヤーパネルの「長方形1」レイヤーに、［グラデーションオーバーレイ］が表示されます❹。

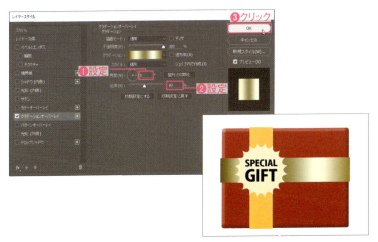
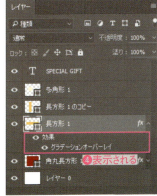

PART 11 カラー／グラデーション／パターンのテクニック

[シャドウ（内側）]の二重適用で深みのある紅葉を表現する

11-04

BEFORE → AFTER

CC2015から使えるようになった、レイヤースタイルの二重適用を利用します。ここでは、[シャドウ（内側）]を二重に適用して、グラデーションを表現します。

PART 11 ▶ 11_04.psd

1

サンプルファイル（11_04.psd）を開きます❶。このファイルには、白い「背景」レイヤーの上層に、紅葉の葉の形状のシェイプのある「シェイプ1」レイヤーがあります。「シェイプ1」レイヤーの文字のない部分をダブルクリックします❷。

2

[レイヤースタイル]ダイアログボックスが表示されます。[シャドウ（内側）]をクリックして選択し❶、カラーボックスをクリックします❷。[カラーピッカー（シャドウ（内側）のカラー）]ダイアログボックスが表示されるので、「R=94 G=19 B=19」に設定して❸、[OK]をクリックします❹。紅葉の葉の輪郭部分が若干色が濃くなります❺（この段階では、色を設定しただけなので、色のつき方は作例と同じにならないこともあります）。

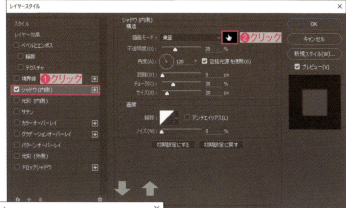

❺境界部分の色が濃くなった

Macでは、キーは次のようになります。　Ctrl → ⌘　　Alt → option　　Enter → return

11-04 [シャドウ（内側）]の二重適用で深みのある紅葉を表現する

3 [不透明度]を「100」❶、[距離]と[チョーク]を「0」❷、[サイズ]を「30」に設定し❸、[輪郭]のサムネールをクリックします❹。

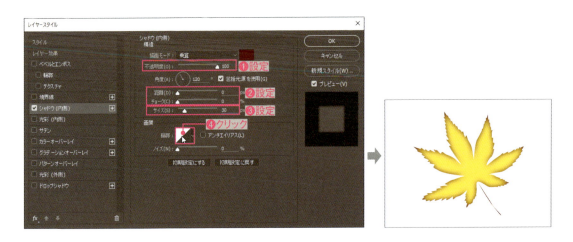

4 [輪郭エディター]ダイアログボックスが表示されます。左から3番目のグリッドあたりを下にドラッグします❶。同様に、右から2番目のグリッドのあたりを上にドラッグして❷、図のようなカーブに設定します（完全に一緒にならなくてもかまいません）。設定したら[OK]をクリックします❸。

POINT

[輪郭エディター]ダイアログボックス

「輪郭エディター」ダイアログボックスは、見方が少し特殊です。左右方向は、右側が境界部分で、左側がシャドウのかかる内側になります。上下方向は、影の不透明度で、上が不透明度100％で影が濃くなり、下が不透明度0％で影が薄くなります。
手順4の場合、図形の外側はやや影が濃くなり、急に薄くなって最後は緩やかに透明になる設定です。
手順6の「半円」では、濃い部分が多く、急激に透明になる設定になります。

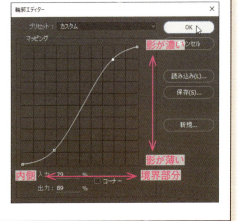

11-04 ［シャドウ（内側）］の二重適用で深みのある紅葉を表現する

| 5 | ［シャドウ（内側）］の右の、＋をクリックします❶。［シャドウ（内側）］の項目がひとつ追加されました（設定内容もコピーされます）❷。上の［シャドウ（内側）］が選択された状態で、カラーボックスをクリックします❸。［カラーピッカー（シャドウ（内側）のカラー）］ダイアログボックスが表示されるので、「R=255 G=0 B=0」に設定して❹、［OK］をクリックします❺。境界部分の色が変わりました❻。

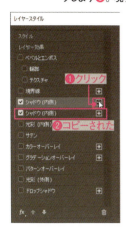

| 6 | 続いて、［距離］を「50」❶、［サイズ］を「100」に設定し❷、［輪郭］の▼をクリックして❸、表示されたプリセットから「半円」をクリックして選択します❹。設定したら［OK］をクリックします❺。ふたつめの［シャドウ（内側）］の赤が広い範囲に適用されて紅葉の葉のグラデーションとなりました❻。

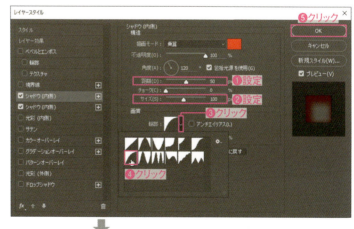

Macでは、キーは次のようになります。　[Ctrl] → [⌘]　　[Alt] → [option]　　[Enter] → [return]　　**213**

グラデーションを使って逆光を表現する

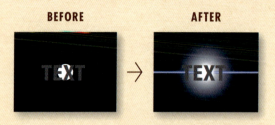

Photoshopのグラデーションは、さまざまな形状で適用できます。ここでは、円形と反射のふたつのグラデーションを使い、逆光を表現するテクニックを紹介します。

PART 11 ▶ 11_05.psd

1

サンプルファイル（11_05.psd）を開きます❶。このファイルは背面にブラックで塗った「べた塗り1」レイヤーがあり、前面に白い楕円のシェイプを描いた「楕円形1」レイヤー、最前面にテキストレイヤーがあります❷。

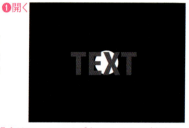

※使用環境にフォントがない場合はTypekitからダウンロードしてください。

2

レイヤーパネルで、「べた塗り1」レイヤーを選択し❶、［塗りつぶしまたは調整レイヤーを新規作成］をクリックして❷、表示されたメニューから［グラデーション］を選択します❸。［グラデーションで塗りつぶし］ダイアログボックスが表示されるので、グラデーションのサムネールをクリックします❹。

3

［グラデーションエディター］ダイアログボックスが表示されるので、プリセットから「描画色から透明に」を選択します❶。グラデーションスライダーの左端の分岐点をクリックして選択し❷、カラーボックスをクリックします❸。［カラーピッカー（ストップカラー）］ダイアログボックスが表示されるので、「R=255 G=255 B=255」に設定して❹、［OK］をクリックします❺。

214

11-05 グラデーションを使って逆光を表現する

4 [グラデーションエディター]ダイアログボックスに戻ったら、グラデーションスライダーの右の分岐点をクリックして選択し❶、カラーボックスをクリックします❷。[カラーピッカー（ストップカラー）]ダイアログボックスが表示されるので、「R=20 G=60 B=200」に設定して❸、[OK]をクリックします❹。

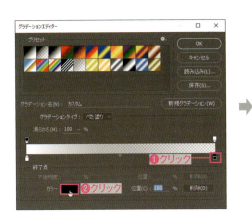

5 [グラデーションエディター]ダイアログボックスに戻ったら、[新規グラデーション]をクリックして❶、プリセットに登録し❷、[OK]をクリックします❸。

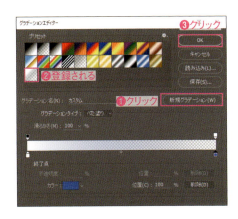

6 [グラデーションで塗りつぶし]ダイアログボックスに戻ったら、[スタイル]を「円形」に設定し❶、[OK]をクリックします❷。楕円の下にグラデーションが作成され、逆光の光がぼやけた感じが出ました❸。

❸逆光のぼやけた感じが出てきた

Macでは、キーは次のようになります。　Ctrl → ⌘　　Alt → option　　Enter → return

| 7 |

レイヤーパネルで、「グラデーション1」レイヤーを[新規レイヤーを作成]にドラッグして❶、コピーします。コピーしてできた「グラデーション1のコピー」レイヤーの、サムネールをダブルクリックします❷。

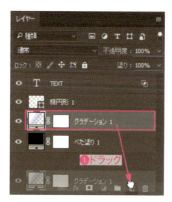

| 8 |

[グラデーションで塗りつぶし]ダイアログボックスが表示されるので、[スタイル]に「反射」を設定します❶。コピーしたグラデーションの形状が、中央から上下に広がるようになりました❷。少し白い部分が多いので[比率]を「5」に設定し❸、グラデーションの適用範囲を狭めます❹。

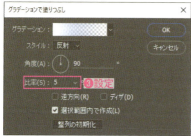

| 9 |

グラデーションのサムネールをクリックします❶。[グラデーションエディター]ダイアログボックスが表示されるので、右側の分岐点をクリックして選択します❷。中間のスライダーをドラッグし❸、[位置]が「5」になるように設定して❹、[OK]をクリックします❺。

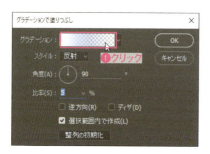
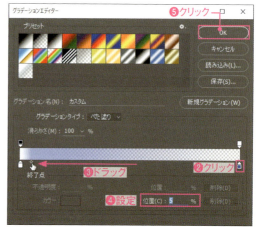

11-05　グラデーションを使って逆光を表現する

10 [グラデーションで塗りつぶし]ダイアログボックスに戻るので、[OK]をクリックします❶。グラデーションの中間位置を変えたので、グラデーションの中央の白い線が際だって、水平に光が広がる感じが出てきました❷。

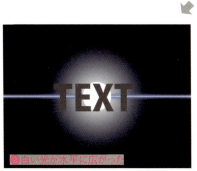

11 レイヤーパネルで、「楕円形1」レイヤーを選択します❶。属性パネルで[ぼかし]を「10」に設定します❷。楕円にぼかしが適用されて、背面の円形グラデーションの中心部の光源のようになりました❸。

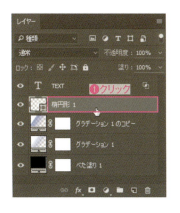

Macでは、キーは次のようになります。　Ctrl → ⌘　　Alt → option　　Enter → return

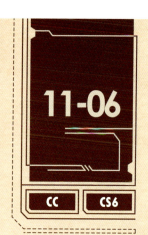

[照明効果]を使い既存パターンから背景パターンを作成する

[照明効果]フィルター適用時に、テクスチャとしてアルファチャンネル画像を使うと、面白い凹凸のある画像を作成できます。パターンの画像を元にして、背景パターンを作成してみましょう。

📥 PART11 ▶ 11_06.psd

1

サンプルファイル（11_06.psd）を開きます❶。「パターン1」レイヤーがあり、パターンで塗りつぶされています❷。

❶開く
❷レイヤー確認

2

レイヤーパネルで、「パターン1」レイヤーを右クリックし❶、表示されたメニューから[レイヤーをラスタライズ]を選択します❷。レイヤーが通常の画像レイヤーになり、サムネールの画像が変わります❸。続いて、Ctrlキーとキーを押して画像全体を選択し❹、CtrlキーとCキーを押してコピーします❺。

❶右クリック
❷選択

❸サムネールが変わった

❹Ctrl+Aですべて選択
❺Ctrl+Cでコピー

3

チャンネルパネルを開き、[新規チャンネルを作成]をクリックして❶、「アルファチャンネル1」チャンネルを作成します❷。画像が黒い表示に変わります❸。

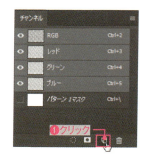

❶クリック

❷作成された

❸黒く表示される

11-06 ［照明効果］を使い既存パターンから背景パターンを作成する

4

[Ctrl]キーと[V]キーを押して、コピーしてあった画像を「アルファチャンネル1」チャンネルにペーストします❶。ペーストしたら、[Ctrl]キーと[D]キーを押して、選択を解除します❷。

5

チャンネルパネルで、「RGB」チャンネルをクリックして通常の画像表示に戻します❶。続いて、レイヤーパネルで［新規レイヤーを作成］をクリックして❷、「レイヤー1」レイヤーを作成します❸。

6

ツールパネルの描画色のボックスをクリックします❶。［カラーピッカー（描画色）］ダイアログボックスが表示されるので、「R=255 G=255 B=160」に設定し❷、［OK］をクリックします❸。

7

［編集］メニュー →［塗りつぶし］を選択します❶。［塗りつぶし］ダイアログボックスが表示されるので、［内容］（CS6〜CC 2014では［使用］）を［描画色］に設定し❷、［透明部分の保持］のチェックを外して❸、［OK］をクリックします❹。「レイヤー1」レイヤーが、描画色で塗りつぶされます❺。

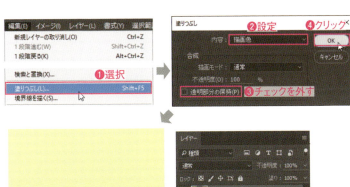

Macでは、キーは次のようになります。　[Ctrl]→[⌘]　[Alt]→[option]　[Enter]→[return]　　219

8 ［フィルター］メニュー→［描画］→［照明効果］を選択します❶。［照明効果］の編集画面に変わるので、オプションバーの［プリセット］から「2時方向スポット」を選択します❷。2時の方向からスポットライトが当たっている画像になります❸。

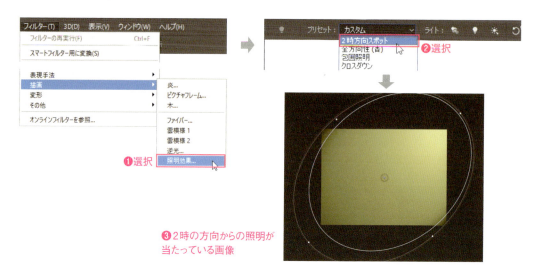

9 属性パネルの［テクスチャ］で「アルファチャンネル1」を選択します❶。画像のテクスチャとして、元のパターン画像から作成したアルファチャンネルの画像が読み込まれ、パターンの明るさに応じた凹凸がつきます❷。

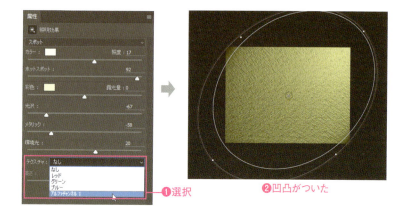

10 属性パネルで、［環境光］を「30」❶、［高さ］を「10」に設定し❷、オプションバーの［OK］をクリックします❸。既存パターンを元に、新しい背景パターンが作成できました❹（CS6では、若干凹凸の形状が異なります）。塗りつぶしの色を変えたり、元となるパターン画像を変えれば、さまざまな背景パターンを作成できます。

Easy-to-understand Reference book of Photoshop Professional Technical design

文字周りの
デザインテクニック

タイトルなどのインパクトのある文字の作成だけでなく、画像内にない文字を入力して違和感のないように加工するなど、Photoshopでの文字デザインは、幅広く使われます。本PARTでは、文字周りのデザインテクニックを紹介します。

PART 12　文字周りのデザインテクニック

[ベベルとエンボス]を使い砂地に文字を描く

BEFORE  AFTER

砂地の画像に、文字を描くテクニックです。文字色を、砂地に似たグレーに設定し、[ベベルとエンボス]でハイライトとシャドウで、砂地に合うように色を調節します。

📁 PART 12 ▶ 12_01.psd

1

サンプルファイル（12_01.psd）を開きます❶。このファイルには、砂地の「背景」レイヤーがあり、テキストレイヤーに「PS」という文字が入力されています❷。文字色は、背景の暗色を「R=76 G=84 B=96」に設定してあります。

❶開く

❷レイヤー確認

※使用環境にフォントがない場合はTypekitからダウンロードしてください。

2

テキストレイヤーを選択して、[描画モード]に[ソフトライト]を選択します❶。文字がうっすらと見える状態になります❷。

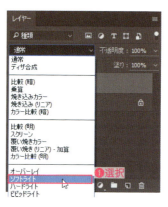

❶選択

❷文字が薄く見えるようになる

3

テキストレイヤーが選択されている状態で、[レイヤースタイルを追加]をクリックして❶、表示されたメニューから[ベベルとエンボス]を選択します❷。

❶クリック

❷選択

POINT

ソフトライト

ソフトライトを適用すると、前面の色に応じて、スポットライトが当たったような効果になります。がグレー50％より明るい場合は明るくなり、グレー50％より暗い場合は暗くなります。ここでは、文字色が暗いグレーなので暗くなります。

12-01　［ベベルとエンボス］を使い砂地に文字を描く

| 4 | ［レイヤースタイル］ダイアログボックスが開くので、設定していきます。［スタイル］を「エンボス」、［テクニック］を「滑らかに」、［深さ］を「100」、［方向］を「下へ」、［サイズ］を「35」、［ソフト］を「0」に設定します❶。

| 5 | ［ハイライトのモード］を「覆い焼きカラー」に設定し❶、右横のカラーボックスをクリックします❷。［カラーピッカー（ベベルとエンボスのハイライトカラー）］ダイアログボックスが開くので、画像の背景から明るい茶色の部分をクリックして色を拾います（直接「R=214 G=192 B=167」と指定してもかまいません）❸。指定したら［OK］をクリックします❹。

| 6 | ［シャドウのモード］は「乗算」のままで、右横のカラーボックスをクリックします❶。［カラーピッカー（ベベルとエンボスのシャドウのカラー）］ダイアログボックスが開くので、画像の背景から青系の部分をクリックして色を拾います（直接「R=88 G=107 B=120」と指定してもかまいません）❷。指定したら［OK］をクリックします❸。［レイヤースタイル］ダイアログボックスの［OK］もクリックして閉じます❹。文字が青みを帯びました❺。

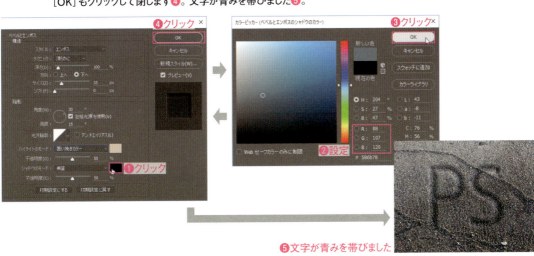

❺文字が青みを帯びました

Macでは、キーは次のようになります。　Ctrl → ⌘　　Alt → option　　Enter → return

12-02 パスの境界線を絵筆ブラシで描いて変化を出す

Photoshopでは、文字などのパスの境界線をブラシで描画できます。タイトル文字などに、ちょっとしたアクセントをつけたいときに利用できるテクニックです。

PART12 ▶ 12_02.psd

1

サンプルファイル（12_02.psd）を開きます❶。このファイルは背景レイヤーの前面に、「PS」と書かれたテキストレイヤーがあります❷。

※使用環境にフォントがない場合はTypekitからダウンロードしてください。

2

テキストレイヤーを右クリックし❶、表示されたメニューから［作業用パスを作成］を選択します❷。文字の輪郭に沿って、作業用のパスが作成されます❸（CS6ではパスが選択されませんがそのまま続けてください）。テキストレイヤーの「レイヤーの表示／非表示」をクリックして、テキストレイヤーを非表示にします❹。パスだけが表示されます❺。

3

パスが表示された状態で、レイヤーパネルの［新規レイヤーを作成］をクリックします❶。「レイヤー1」レイヤーが作成されます❷。

4

「レイヤー1」レイヤーが選択された状態で❶、ブラシツールを選択します❷。［描画色と背景色を初期設定に戻す］をクリックして、描画色を「ブラック」に設定します❸。ブラシパネルを表示し、好きなブラシを選択します（ここでは「平筆」を選択）❹。

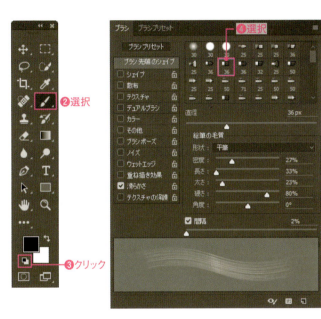

POINT
ブラシを選択した際に、ブラシパネル下部に表示されたプレビューの形状が著しく異なる場合は、パネルメニューの「ブラシ設定の消去」を選択してください。

5

パスパネルで、「作業用パス」が選択されていることを確認し❶、［ブラシでパスの境界線を描く］をクリックします❷。選択したブラシの形状で、パスの境界線が描かれました。

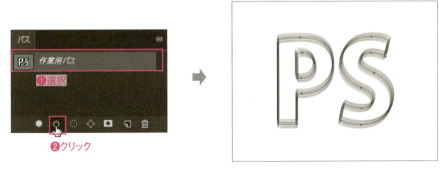

Macでは、キーは次のようになります。　Ctrl → ⌘　Alt → option　Enter → return

PART 12　文字周りのデザインテクニック

[ベベルとエンボス]を適用した文字にマスクして透明にフェードさせる

12-03

BEFORE → AFTER

文字にレイヤー効果を適用して、影をつけたり立体的にしたとき、レイヤーマスクを適用するにはレイヤーをグループにするとうまくいきます。

PART12 ▶ 12_03.psd

1

サンプルファイル（12_03.psd）を開きます❶。「グラデーション1」レイヤーの前面に、「PS」と入力された文字レイヤーがあり、レイヤースタイルとして［ベベルとエンボス］と［ドロップシャドウ］が適用されています❷。文字にレイヤーマスクを適用して、徐々に透明にフェードするようにしましょう。

❶開く

※使用環境にフォントがない場合はTypekitからダウンロードしてください。

❷レイヤー確認

2

テキストレイヤーを選択し❶、［レイヤーマスクを追加］をクリックしてレイヤーマスクを追加します❷。グラデーションツール■を選択し❸、［描画色と背景色を初期設定に戻す］をクリックしてから❹、［描画色と背景色を入れ替え］をクリックします❺。オプションバーでグラデーションサムネール横の▼をクリックし❻、表示されたプリセットから「描画色から背景色」を選択します❼。

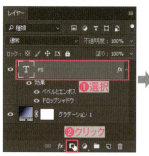

3

「S」の文字の下側から上に向けて、Shift キーを押しながらドラッグします❶。文字にレイヤーマスクが適用されて、下側に徐々にフェードするようになりましたが、レイヤー効果がおかしな状態になります❷。

❷レイヤー効果がおかしくなる

12-03 ［ベベルとエンボス］を適用した文字にマスクして透明にフェードさせる

4

Ctrlキーと Alt キーと Z キーを同時に押すことを2回繰り返して❶、最初の状態に戻します。元に戻したら、レイヤーパネルの［新規グループを作成］をクリックして❷、「グループ1」を作成します❸。

❶ Ctrl ＋ Alt ＋ Z を2回

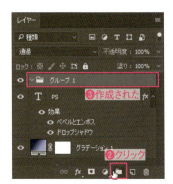
❸作成された
❷クリック

5

テキストレイヤーを「グループ1」の中にドラッグして入れます❶。

❶ドラッグ

6

「グループ1」が選択された状態で❶、［レイヤーマスクを追加］をクリックします❷。「S」の文字の下側から上に向けて、 Shift キーを押しながらドラッグします❸。今度は、文字にレイヤースタイルが適用された状態で、きれいにレイヤーマスクが適用されて徐々にフェードするようになりました❹。

❶選択
❷クリック

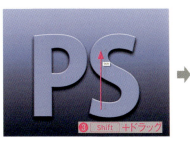
❸ Shift ＋ドラッグ

❹レイヤー効果がかかったままマスクされた

POINT レイヤーひとつでもグループ化

ここでの作例は、レイヤー効果に［ベベルとエンボス］を適用した文字を使いましたが、他のレイヤー効果を適用した場合でも、レイヤーマスクを適用するとうまくマスクされないことがあります。
グループは本来、複数のレイヤーをまとめて扱うための機能ですが、今回のようにひとつのレイヤーをグループとして扱うことで、レイヤーマスクが正しく使えます。

Macでは、キーは次のようになります。　Ctrl → ⌘　　Alt → option　　Enter → return

バウンディングボックスを使い文字を変形して画像の端に合わせる

PART 12 | 文字周りのデザインテクニック

12-04

BEFORE → AFTER

文字を画像の境界線いっぱいに広げて配置するデザインでは、移動ツールのバウンディングボックスを利用すると、簡単にきれいにレイアウトできます。

📥 PART12 ▶ 12_04.psd

1

サンプルファイル（12_04.psd）を開きます❶。最背面の「レイヤー 1」レイヤーに葉の画像があり、前面に「P」と「S」と文字の入ったテキストレイヤーがそれぞれあります❷。

※使用環境にフォントがない場合はTypekitからダウンロードしてください。

2

移動ツール を選択します❶。オプションバーで、[自動選択]と[バウンディングボックスを表示]にチェックします❷❸。レイヤーパネルで、「P」レイヤーをクリックして選択します❹。[バウンディングボックスを表示]がチェックされているので、「P」の文字の周囲にバウンディングボックスが表示されます❺。画像の「S」をクリックすると、「S」の文字の周囲にバウンディングボックスが表示され❻、レイヤーパネルの「S」レイヤーが選択されます❼。ほかのレイヤーの文字をクリックして選択できるのは、[自動選択]がチェックされているからです。便利なので覚えておきましょう。

3

「S」を変形するために、表示されたバウンディングボックスの右上のハンドルをクリックします❶。バウンディングボックスが大きくなり、変形モードに変わります❷。文字のバウンディングボックスでは、選択時のハンドルのままでは変形できないので、このように一度クリックしてください。

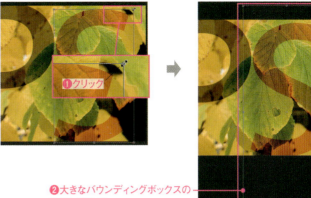

❷大きなバウンディングボックスの表示に変わる

4

右上のハンドルを Shift キーを押しながらWが28mm程度になるまでドラッグして、サイズを小さくします❶。続いて、「S」の文字が画像内に入るように、上にドラッグして位置を調節します❷。位置が決まったら、オプションバーの［変形を確定］をクリックして確定します❸。

5

変形モードを抜けると、文字にピッタリのバウンディングボックスの表示に戻ります❶。バウンディングボックスの内部をドラッグすると、文字を移動できるので、「S」の下端が画像の境界部分になるようにドラッグして位置を調節します❷。

❶バウンディングボックスが元に戻る

> **POINT**
>
> **バウンディングボックスの使い分け**
>
> ［バウンディングボックスを表示］は、移動や変形には便利な機能ですが、［自動選択］と併用すると、クリックしただけで選択した後に、意図せずに変形モードに入ってしまうこともあります。
> 必要なときだけにチェックするなど、自分にあった使い方で使ってください。

Macでは、キーは次のようになります。 Ctrl → ⌘   Alt → option   Enter → return

PART 12 | 文字周りのデザインテクニック

[ピローエンボス]でメダルに刻印したような文字にする

BEFORE → AFTER

[ピローエンボス]を上手に使うと、文字の輪郭だけを刻印したようにすることができます。背面がメダルのような画像の場合に有効なテクニックです。

📥 PART 12 ▶ 12_05.psd

1

サンプルファイル（12_05.psd）を開きます❶。このファイルは「08-05」の完成ファイルで、白い「レイヤー0」レイヤーの上に、「角丸長方形1」「長方形1」「長方形1のコピー」「多角形1」のシェイプレイヤーがあります。最前面にテキストレイヤーがあり、このレイヤーを加工します❷。

❶開く

※使用環境にフォントがない場合はTypekitからダウンロードしてください。

❷レイヤー確認

POINT グラデーションについての注意

ここでは、「11-03」で作成したグラデーションを使用しています。「11-03」を行っていない場合は、先に「11-03」でグラデーションを登録してください。

2

レイヤーパネルのテキストレイヤーの文字のない部分をダブルクリックします❶。[レイヤースタイル]ダイアログボックスが表示されるので、[塗りの不透明度]をドラッグして「0」に設定します❷。テキストレイヤーの文字が見えなくなります❸。

❶ダブルクリック

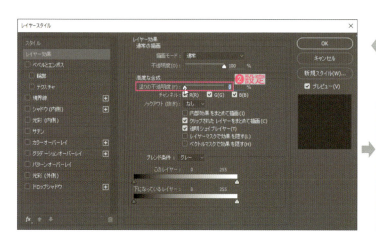

❷設定

❸文字が見えなくなる

12-05 ［ピローエンボス］でメダルに刻印したような文字にする

3 ［ベベルとエンボス］をクリックして選択します❶。右側の表示が変わるので、［スタイル］を「ピローエンボス」に設定し❷、ほかの項目は図のように設定します❸。文字の輪郭が掘られたようになります❹。

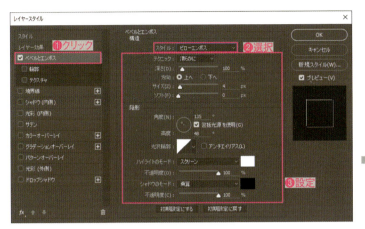

❹文字の輪郭が掘られたようになる

4 ［グラデーションオーバーレイ］をクリックして選択します❶。図のように設定し❷、［OK］をクリックします❸。文字にもグラデーションが適用され、文字の輪郭が掘られたようになります❹。レイヤーパネルには、適用した項目が表示されます❺。

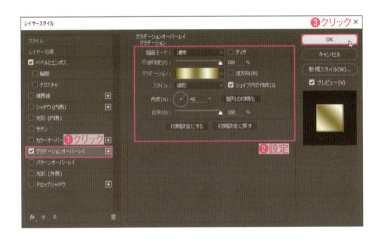

POINT
グラデーションは、グラデーションボックスをクリックして「11-03」で作成したグラデーション「ゴールド」を選択してください。

❹文字にグラデーションが適用された

Macでは、キーは次のようになります。　Ctrl → ⌘　　Alt → option　　Enter → return

PART 12　文字周りのデザインテクニック

[置き換え]フィルターを使って地面上の文字を違和感なく変形する

BEFORE　→　AFTER

[置き換え]は、画像の明るさを使って変形するフィルターです。背面レイヤーの画像を使って変形すれば、違和感のない変形が可能になります。

📥 PART12 ▶ 12_06A.psd、12_06B.psd

1

サンプルファイル（12_06A.psd）を開きます❶。このファイルには「レイヤー1」レイヤーに地面の画像があります。前面には［ブレンド条件］と［描画モード］に［乗算］が適用されたふたつのテキストレイヤーがあります。このふたつのレイヤーは同じ内容で、「PS」レイヤーは予備用で非表示になっており、作業は「PSのコピー」レイヤーで行います❷。

❶開く

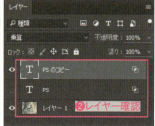

❷レイヤー確認

※使用環境にフォントがない場合はTypekitからダウンロードしてください。

2

レイヤーパネルの「PSのコピー」レイヤーを選択し❶、パネルメニューを表示して❷、［スマートオブジェクトに変換］を選択します❸。スマートオブジェクトに変換されたため、［描画モード］に［乗算］は適用されていますが、［ブレンド条件］は適用されなくなっています。また、「PSのコピー」レイヤーのアイコンが変わります❺。

❶選択　❷クリック　❸選択

❹「ブレンド条件」の適用がなくなった
❺アイコンが変わった

3

［フィルター］メニュー →［変形］→［置き換え］を選択します❶。［置き換え］ダイアログボックスが表示されるので、［水平比率］［垂直比率］ともに「30」❷、［同一サイズに拡大/縮小］と［ラップアラウンド］を選択し❸、［OK］をクリックます❹。

❶選択

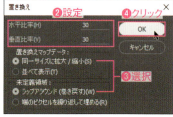

❷設定　❹クリック　❸選択

232

12-06　［置き換え］フィルターを使って地面上の文字を違和感なく変形する

| 4 | ［置き換えマップデータを選択］ダイアログボックスが表示されるので、サンプルファイル「12_06B.psd」を選択し❶、［開く］をクリックします❷。「12_06B.psd」は、「12_06A.psd」の「レイヤー1」レイヤーと同じ画像データです。この画像の各ピクセルの明るさによって、「レイヤー1」レイヤーのテキストが変形されました❸。適用した［置き換え］は、スマートフィルターとしてレイヤーパネルに表示されます❹。

❶選択
❷クリック

❸変形した

❹表示される

POINT　置き換えフィルター

［置き換え］フィルターは、［置き換えマップデータを選択］ダイアログボックスで指定した画像の各ピクセルの明るさによって、ほかの画像を変形します。カラー値が「128」を境に、暗いピクセル部分（<128）は、正方向（水平方向は右、垂直方向は下）に移動し、明るいピクセル部分（>128）は逆方向に移動します。移動量は、カラー値が「0」または「255」に近いほど大きくなります（「128」の部分は移動しません）。また、［水平比率］と［垂直比率］で、移動の割合を設定できます。「100」に設定したとき、最大移動量が「128」になります。

| 5 | 「PS」レイヤーを選択し❶、右クリックして❷、メニューから［レイヤースタイルをコピー］を選択します❸。「PSのコピー」レイヤーを選択し❹、右クリックして❺、［レイヤースタイルをペースト］を選択します❻。「PS」レイヤーのレイヤースタイルが「PSのコピー」レイヤーにも適用されました。［ブレンド条件］が適用されたため、背面の明るさに応じて非表示部分が作成され、地面に文字を書いた感じがよりリアルになります❼。

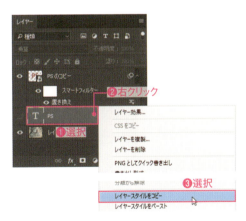
❶選択　❷右クリック　❸選択

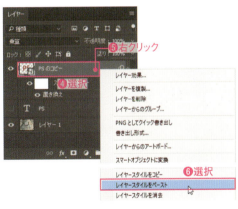
❹選択　❺右クリック　❻選択

❼［ブレンド条件］が適用される

Macでは、キーは次のようになります。　Ctrl → ⌘　Alt → option　Enter → return

PART 12　文字周りのデザインテクニック

クリッピングマスクを使って文字の形で画像を切り抜く

画像を文字の形状で切り抜くには、クリッピングマスクを使います。切り抜きたいレイヤーの背面にある文字の形状で切り抜かれます。覚えておきたい基本テクニックです。

📷 PART12 ▶ 12_07.psd

1

サンプルファイル（12_07.psd）を開きます❶。花の画像の「レイヤー0」レイヤーの前面に、PSと入力された文字レイヤーがあります❷。

※使用環境にフォントがない場合はTypekitからダウンロードしてください。

2

「レイヤー0」レイヤーをドラッグして、最前面に移動します❶。花の画像で、文字は隠れて見えなくなります。

3

「レイヤー0」レイヤーとテキストレイヤーの境界部分で、Altキーを押しながらクリックします❶。花の画像が、文字の形状で切り抜かれます❷。これをクリッピングマスクといい、レイヤーパネルにはアイコンで表示されます❸。

PART **13**

Easy-to-understand Reference book of Photoshop Professional Technical design

作業を効率化するための
テクニック

Photoshopでのクリエイティブワークは、ブラシによる選択範囲の作成から、画面の拡大・縮小など、さまざまな作業が必要です。自分が思っているような画像を効率的に作成するには、ショートカットなどのテクニックが必要です。本PARTでは、作業を効率化するテクニックを紹介します。

PART 13 | 作業を効率化するためのテクニック

切り抜きツールで周辺部の切り抜き範囲をほんの少しだけ動かす

切り抜きツールで切り抜き範囲を指定する際、画像の周辺部分は自動でスナップされて少しだけ位置をずらすことが難しのですが、Ctrlキーを押しながらドラッグすれば大丈夫です。

PART 13 ▶ 13_01.psd

1

サンプルファイル（13_01.psd）を開きます❶。切り抜きツールを選択します❷。

2 画像の右下のハンドルをドラッグして、切り抜きます❶。しかし、少しだけ動かしたくても、境界線にスナップしているため大きく動いてしまいます。また、元に戻すと境界線にスナップしてしまいます❷。微妙な調節ができません。

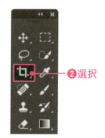

3 今度はCtrlキーを押しながら画像の右下のハンドルをドラッグします❶。境界線へのスナップがなくなり、自由に切り抜き位置を指定できるようになります。切り抜き位置を指定したらオプションバーの［現在の切り抜き操作を確定］をクリックして確定します❷。

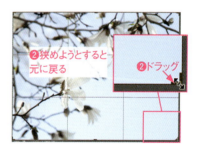

PART 13 作業を効率化するためのテクニック

13-02 選択範囲の点線表示が邪魔なときに一時的に非表示にする

BEFORE → AFTER

選択範囲が複雑になると、点線の表示が多くなり、選択範囲に適用した操作が確認しづらいことがあります。選択範囲の点線を一時的に非表示にするショートカットは、便利なテクニックです。

PART13 ▶ 13_02.psd

1 サンプルファイル（13_02.psd）を開きます。自動選択ツール ❶を選択し❶、オプションバーの［許容値］を「32」に設定し❷、［隣接］のチェックを外します❸。

❶選択

❷設定

❸設定

2 種と種の隙間の暗い部分をクリックします❶。画像内の同じ色調の部分がすべて選択されます❷。

❶クリック

❷同じ色調部分がすべて選択される

3 ［イメージ］メニュー→［色調補正］→［色相・彩度］を選択します❶。［色相・彩度］ダイアログボックスが表示されるので、スライダーを適当に動かして❷、［OK］をクリックします❸。

❶選択

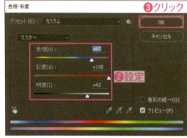
❷設定　❸クリック

4 選択範囲を表す点線が多いために、実際の仕上がりが見にくくなっています❶。Ctrlキーと Hキーを押すと❷、選択範囲を保持したまま点線を一時的に非表示にできます。再度 Ctrl+H を押すと点線が表示されます。

❶点線が多くて見にくい

❷ Ctrl + H

Macでは、キーは次のようになります。　Ctrl → ⌘　　Alt → option　　Enter → return

PART 13 | 作業を効率化するためのテクニック

13-03 画像の細かな修正には ショートカットでマスク範囲を調整する

CC | CS6

BEFORE → AFTER

細かい部分の修正は、画面の拡大・縮小や、ブラシのサイズを変更が必要です。このような作業は、できるだけキーボードショートカットなどの、効率的に作業するためのテクニックを使いましょう。

📥 PART 13 ▶ 13_03.psd

1

サンプルファイル（13_03.psd）を開きます❶。「レイヤー0のコピー」レイヤーは、花をレイヤーマスクで抜いていて、背面の「べた塗り1」レイヤーが背景に見えています❷。一部、マスク漏れがあるので、ここをブラシでマスクに追加します❸。

❶開く / ❸マスク漏れ

❷レイヤー確認

2

[Ctrl]キーと[スペース]キーを押すと、一時的にズームツール🔍になるので、クリックまたはドラッグして、マスク対象部分を拡大表示します❶。[スペース]キーだけを押すと手のひらツール✋になるので、ドラッグして作業しやすい位置に移動します❷。

❶[Ctrl]＋[スペース]＋クリック または[Ctrl]＋[スペース]＋ドラッグ

❷[スペース]＋ドラッグ

POINT

GPUを使っている場合は、[Ctrl]キーと[スペース]キーを押して右にドラッグすると拡大、左にドラッグすると縮小になります。

3

ブラシツール🖌を選択します❶。ブラシパネルで、[直径]が「30px」、[硬さ]が「100％」のブラシを選択します❷。続いて、レイヤーパネルで「レイヤー0のコピー」レイヤーのレイヤーマスクサムネールをクリックして選択します❸。

❶選択

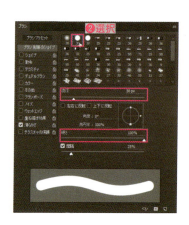

❷選択

❸クリック

13-03 画像の細かな修正にはショートカットでマスク範囲を調整する

4

ブラシを対象箇所に移動すると、ブラシサイズが大きいことがわかります❶。ブラシサイズを変更しましょう。[Ctrl]キーと[Alt]キーを押しながらマウスの右ボタン（Macは[control]キーと[option]キーと左ボタン）を押すと、ブラシサイズが赤く表示されます。この状態でマウスを左右に動かすとサイズを変更できるので、左にドラッグして［直径］を「5px」に設定します❷。なお、上下にドラッグすると［硬さ］を変えられます。

❶ブラシサイズが大きい

❷[Ctrl]+[Alt]+右ボタンを左にドラッグ

5

該当箇所は、画像が残って背景が見えていないマスク漏れなので、ブラックで塗ればマスクされます。[D]キー（［描画色と背景色を初期設定に戻す］のキーボードショートカット）を押して❶、描画色と背景色を初期設定に戻し、[X]キー（［描画色と背景色を入れ替え］のキーボードショートカット）を押して❷描画色と背景色を入れ替えて、描画色を「ブラック」に設定します。マスク漏れしている範囲の端にカーソルを移動し、ドラッグではなくクリックします❸。続けて[Shift]キーを押してクリックすると❹❺❻❼、クリックした2点間が直線で塗られます。細かい部分の調整は、ドラッグするよりも、[Shift]+クリックを使うほうがきれいに塗れます。ここでは、マスク範囲が切り込んでいるので、はみ出して塗っておき後から削除して調整するので、はみ出ることを気にせずに塗ってください。

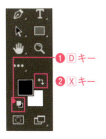
❶[D]キー
❷[X]キー

❸クリック

❺[Shift]+クリック
❹[Shift]+クリック

❼[Shift]+クリック
❻[Shift]+クリック

6

はみ出した部分をホワイトで消して、マスクを消します。[X]キーを押して描画色と背景色を入れ替えて❶、描画色を「ホワイト」に設定します。ブラシサイズをさらに小さくします。10px以下のサイズでは、[[]キーまたは[]]キーを押すと、1pxずつサイズを変更できます。[[]キーを押して1pxに設定し❷、[Shift]+クリックを使ってはみ出た部分を調節します❸❹❺。一度に消さずに、[Shift]+クリックを連続して塗るのがきれいに仕上げるポイントです。

❶[X]キー

❷[[]キーを押してブラシサイズを小さくする

❸[Shift]+クリックを使ってエッジが見えるように調節

❹[Shift]+クリックを使ってエッジが見えるように調節

❺[Shift]+クリックを使ってエッジが見えるうに調節

Macでは、キーは次のようになります。　[Ctrl]→[⌘]　[Alt]→[option]　[Enter]→[return]

13-03 画像の細かな修正にはショートカットでマスク範囲を調整する

7 チャンネルパネルで、「レイヤー0のコピー マスク」チャンネルの［チャンネルの表示／非表示］をクリックして、表示します❶。マスクされている部が赤く表示されるので、塗り漏れがないかを確認し、必要ならShift＋クリックで塗って最後の調節をします❷❸。

8 再度チャンネルパネルで、「レイヤー0のコピー マスク」チャンネルの［チャンネルの表示／非表示］をクリックして、非表示にします❶。きれいにマスクされているかを確認します❷。

9

Ctrlキーと1キーを押して、100％表示に戻して、全体を確認します❶。

ブラシパネルを画像上に表示

ブラシを使用時に、画像上で右クリックするとブラシプリセットピッカーが表示され、ブラシの［サイズ］、［硬さ］、［種類］を変更できます。

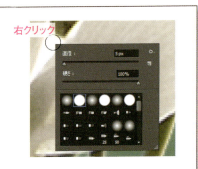

PART 13 　作業を効率化するためのテクニック

13-04

画像の拡大・縮小はキーボードショートカットでラクラク操作

CC　CS6

BEFORE  → AFTER

Photoshopでの作業は、画像の拡大・縮小表示の繰り返しです。効率的に作業するために、拡大・縮小表示のキーボードショートカットを覚えると、スピーディーに作業できます。

📁 PART 13 ▶ 13_04.psd

1

サンプルファイル（13_04.psd）を開いたら❶、タブ部分をドラッグしてウィンドウ表示にします❷（説明のため画面のパネル類は非表示ですが、そのまま操作してください）。

POINT
ここでのショートカットは、ズームツール🔍選択時のオプションバーで、［ウィンドウサイズを変更］がオフのときの動きです。オンのときは、手順2と3が逆になります。手順4ではウィンドウサイズも追随します。

2

[Ctrl]キーと[Alt]キーと[−]キーを同時に押します。画面が縮小したとき、ウィンドウサイズも追随して小さくなります❶。[Ctrl]キーと[Alt]キーと[+]キーを押すと、画面が拡大してウィンドウサイズも追随します❷。

3

[Ctrl]キーと[−]キーを同時に押します❶。ウィンドウサイズはそのままで、画面だけが縮小表示になります。自由変形などで、バウンディングボックスが画像の外側に出るときなどは、便利な表示方法です。
なお、[Ctrl]キーと[+]キーを同時に押すと、ウィンドウサイズはそのまま拡大表示になります。

4

[Ctrl]キーと[0]キーを同時に押します❶。ウィンドウと画面が最大表示になります。ウィンドウを大きくして作業したいときに使用します。[Ctrl]キーと[1]キーを押すと、ウィンドウサイズはそのままで100％表示となります❷。

Macでは、キーは次のようになります。　[Ctrl] → [⌘]　[Alt] → [option]　[Enter] → [return]

241

| PART 13　作業を効率化するためのテクニック

13-05 ウィンドウ表示でかんたん画像合成

CC **CS6**

BEFORE　AFTER

初期設定では、複数の画像はタブ表示されますが、画像を合成するときはウィンドウ表示にしたほうが便利です。移動ツールでドラッグして、ウィンドウ間でレイヤーをコピーして合成します。

PART 13 ▶ 13_05A.psd、13_05B.psd

1 サンプルファイル（13_05A.psd、13_05B.psd）を開きます❶。タブで表示されるので、タブをドラッグしてウィンドウ表示にします❷（説明のため画面のパネル類は非表示ですが、そのまま操作してください）。2ファイルともウィンドウ表示にしてください。

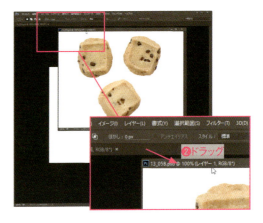

2 「13_05A.psd」のウィンドウを選択し❶、レイヤーパネルで「背景」レイヤーが選択されていることを確認します❷。確認したら、「13_05B.psd」のウィンドウを選択します❸。

13-05 ウィンドウ表示でかんたん画像合成

3 移動ツール を選択します❶。「13_05B.psd」のウィンドウの内部から「13_05A.psd」のウィンドウに向けて Shift キーを押しながらドラッグします❷。「13_05.psd」の画像が「13_05A.psd」の同じ位置にコピーされます❸。レイヤーは、選択してあった「背景」レイヤーのすぐ上になります❹。コピーできたら、「13_05B.psd」のウィンドウは閉じてください❺。

4 「13_05A.psd」のウィンドウの上部をオプションバーの下部までドラッグし、青い枠が表示されたところでマウスボタンを放してタブ表示に戻します❶。戻したら、レイヤーパネルで、「レイヤー1」レイヤーを選択します❷。

5 ［編集］メニュー→［自由変形］を選択します❶。バウンディングボックスが表示されるので、ハンドルの外側をドラッグして回転させ❷。バウンディングボックス内部をドラッグして位置を調節します❸。［変形を確定］をクリックして変形を確定させます❹。

Macでは、キーは次のようになります。 Ctrl → ⌘   Alt → option   Enter → return

243

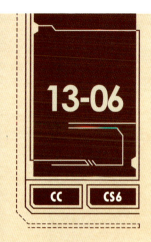

PART 01 | 選択範囲の作成

Bridgeを使ってファイル名を一括変更しながらコピーする

AFTER

ファイル管理に便利なBridgeを使うと、ファイル名を一括変換できます。Photoshopそのものの機能ではありませんが、知っておくと便利なテクニックです。

📁 PART13 ▶ 13_06 ▶ before ▶ 13_06A.jpg ～ 13_06E.jpg

1

Bridgeを起動して、サンプルファイルの入っているフォルダーを表示します❶。ここに表示されている5つのファイルのファイル名を変更して、ほかのフォルダーにコピーしましょう。ドラッグして、すべてのファイルを選択します❷。

2

[ツール]メニュー→[ファイル名をバッチで変更]を選択します❶。[ファイル名をバッチで変更]ダイアログボックスが表示されるので、[保存先フォルダー]に「他のフォルダーにコピー」を選択し❷、[参照]ボタンをクリックします❸。[ファイルまたはフォルダーの参照]ダイアログボックスが表示されるので、保存場所を指定し（ここではデスクトップに作った「after」フォルダー）❹、[OK]をクリックします❺。[ファイル名をバッチで変更]ダイアログボックスに戻るので、[新しいファイル名]として、「テキスト」と「test」、「通し番号」「1」「1桁」と設定します❻（設定行が足りないときは+をクリックして追加し、不要な行は-をクリックして削除してください）。設定したら[名前変更]をクリックします❼。指定したフォルダーに、指定した名称でファイルがコピーされます❽。

PART 14

Easy-to-understand Reference book of Photoshop Professional Technical design

図形（シェイプ）やパスを使ったテクニック

Photoshopでは、Illustratorのように曲線を扱うことができます。選択範囲を作成するパスや、図形を描画するシェイプなど、慣れれば自由な形状の作画ができます。また、Illustratorで作成したオブジェクトをパスとして読み込むこともできます。本PARTでは、シェイプやパスを使ったテクニックを紹介します。

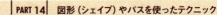

14-01 線画を描くためにIllustratorのパスをPhotoshopに読み込む

Photoshopでの線画の手法として、パスを作成してブラシで境界線を描く方法があります。パスの描画には、Illustratorを使うことも多いので、Illustratorのデータを読み込むテクニックを紹介します。

PART14 ▶ 14_01.psd、14_01.ai

1

サンプルファイル（14_01.psd）を開きます❶。背面に「パターン1」レイヤーがあり、前面にテキストレイヤーがあります❷。文字の周りに、シンプルな線画を描きます。ペンツールでパスを描画して、ブラシで境界線を描いてもよいのですが、ここではIllustratorでパスを描いて作成したオブジェクトを読み込むことにします。

※使用環境にフォントがない場合はTypekitからダウンロードしてください。

2

Illustratorでサンプルファイル（14_01.ai）を開きます❶。このファイルは、Photoshopの画像のサイズ（800px×600px）に合わせてアートボードを作成し、Photoshopの文字の周りに配置するアイテムが簡単なオブジェクトで作成されています。Ctrlキーと A キーを押してすべてのオブジェクトを選択し❷、Ctrlキーと C キーを押して、コピーします❸。

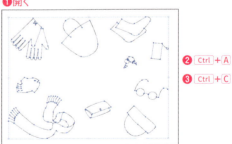

3

Photoshopに戻り、[イメージ]メニュー→[画像解像度]を選択します❶。[画像解像度]ダイアログボックスが表示されるので、[再サンプル]のチェックを外し❷、[解像度]の値を「72」に設定して❸[OK]をクリックします❹。

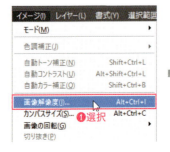

4

レイヤーパネルで空白部分をクリックして、レイヤーが選択されていない状態にします❶。Ctrlキーと Vキーを押して、Illustratorでコピーしたオブジェクトをペーストします❷。［ペースト］ダイアログボックスが表示されるので、［パス］を選択して❸、［OK］をクリックします❹。Illustratorのオブジェクトがパスとしてペーストされ❺、パスパネルには「作業用パス」が表示されます❻。

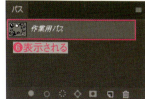

POINT 解像度を変更する理由

IllustratorからPhotoshopに同じサイズでパスをペーストするには、Photoshopの解像度を［再サンプル］をオフにして「72ppi」にします。Photoshopの解像度が「300ppi」だと、右図のように画像に対して大きな状態でペーストされます。

5

ペーストしたパスは、使い回せるように保存しておきます。パスパネルのパネルメニューから、［パスを保存］を選択します❶。［パスを保存］ダイアログボックスが表示されるので、そのまま［OK］をクリックします❷。パスパネルの表示が［パス1］に変わりました❸。

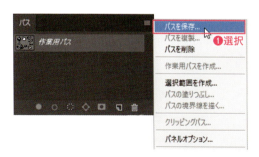
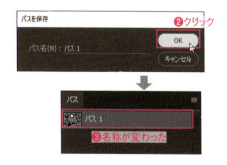

6

解像度を元に戻しておきます。［イメージ］メニュー→［画像解像度］を選択します❶。［画像解像度］ダイアログボックスが表示されるので、［解像度］の値を「300」に設定して❷、［OK］をクリックします❸。

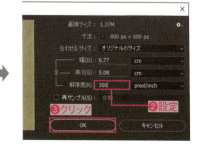

Macでは、キーは次のようになります。　Ctrl → ⌘　　Alt → option　　Enter → return

PART 14 | 図形（シェイプ）やパスを使ったテクニック

パスで描いた図形にブラシで線を描く①

BEFORE  AFTER

パスで線を描画しておくと、好みのブラシでさまざまな線を描画できます。シェイプよりも、ブラシの形状によって線の表現を変えられるのがメリットです。

PART14 ▶ 14_02.psd

1

サンプルファイル（14_02.psd）を開きます❶。背面に「パターン1」レイヤーがあり、前面にテキストレイヤーがあります❷。

❶開く

※使用環境にフォントがない場合はTypekitからダウンロードしてください。

2

レイヤーパネルで、［新規レイヤーを作成］をクリックして、「レイヤー1」レイヤーを作成します❶。作成したら、パスパネルを表示し、「パス1」を選択します❷。画像上に、パスが表示されます❸。

❸パスが表示される

パスの選択

パスパネルでパスを選択すると、選択したパスに含まれているすべてのパスコンポーネントが選択され、描画の対象となります。
一部のパスコンポーネントを選択するには、パスコンポーネント選択ツールを使って選択します。パスコンポーネントを選択すると、選択したパスコンポーネントだけが描画の対象となります。

14-02　パスで描いた図形にブラシで線を描く①

3

ブラシツール を選択します❶。ブラシプリセットパネルを表示し、リストから「鉛筆」を選択します❷。ここで選択したブラシの形状で、パスを描画します。

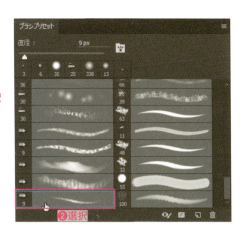

4

[描画色と背景色を初期設定に戻す]をクリックしてから❶、[描画色と背景色を入れ替え]をクリックして❷、描画色を「ホワイト」に変更します。パスパネルで、[ブラシでパスの境界線を描く]をクリックします❸。パスの境界線が、選択したブラシの形状で描かれます❹。色は、描画色となります。

❹パスにブラシで線が描かれた

5

パスパネルで、パスのない部分をクリックして選択を解除します❶。パスが非表示になるので、どのような線が描画されたかを画面で確認してください❷。

❷確認

POINT　ほかのブラシで描きたい場合は？

[ブラシでパスの境界線を描く]で描画した線は、今回のサンプルでは「レイヤー1」レイヤーに、通常のピクセルとして描画されます。
もし、適用したブラシとは異なるブラシで描画したいときは、「レイヤー1」レイヤーに描画された線をすべて消去してから、再度手順3から実行すれば、ほかのブラシや色で描画できます。

Macでは、キーは次のようになります。　Ctrl → ⌘　　Alt → option　　Enter → return

パスで描いた図形にブラシで線を描く②

BEFORE  → AFTER

パスで描いた線画の一部を削除し、パスを修正してから書き直します。線画の元がパスなので、修正も簡単です。また、作業しやすいように、画面を回転させるテクニックも紹介します。

PART14 ▶ 14_03.psd

1

サンプルファイル（14_03.psd）を開きます❶。背面に「パターン1」レイヤーがあり、前面にテキストレイヤーがあります。「レイヤー1」レイヤーに、パスからブラシで境界線を描いた線画があります❷。「レイヤー1」レイヤーが選択されていることを確認します❸。

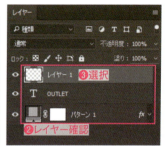

※使用環境にフォントがない場合はTypekitからダウンロードしてください。

2

長方形選択ツール▭を選択します❶。左上の手袋を書き直すので、ドラッグして選択し❷、Deleteキーを押して削除します❸。削除したら、CtrlキーとDキーを押して選択を解除します❹。

3

パスパネルを表示し、「パス1」を選択します❶。画像上に、パスが表示されます❷。

4

手袋のパスを修正します。回転ビューツール✋を選択します❶。ドラッグすると画像が回転するので、手袋が修正しやすいように、指が上向きになるように調整します❷。

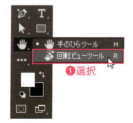

| 5 | パス選択ツール を選択します❶。手袋のパスをクリックして選択してアンカーポイントを表示し❷、親指の外側のアンカーポイントをクリックして選択します❸。ハンドルが表示されるので、ハンドルをドラッグして曲線になるように変形します（作例と完全に一致しなくてもかまいません。）❹。同様に、左側の手袋も親指の外側のアンカーポイントをクリックして選択し❺❻、ハンドルをドラッグして曲線に変形します❼。 |

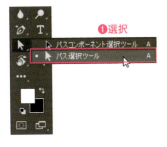
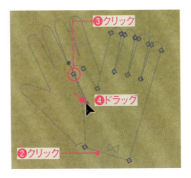
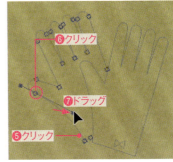

| 6 | 続いて、手袋の中指と薬指の先端の4つのアンカーポイントをShiftキーを押しながらクリックして選択し❶、ドラッグして伸ばします❷（指ごとにアンカーポイントをドラッグしてもかまいません）。 |

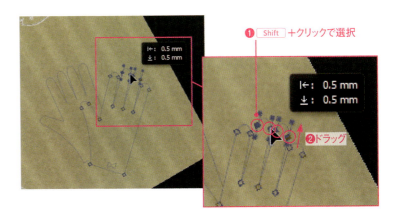

| 7 | 同様に、もう一方の手袋の中指と薬指も、線端のアンカーポイントをドラッグして伸ばします❶❷。作例と完全に一致しなくてもかまいません。 |

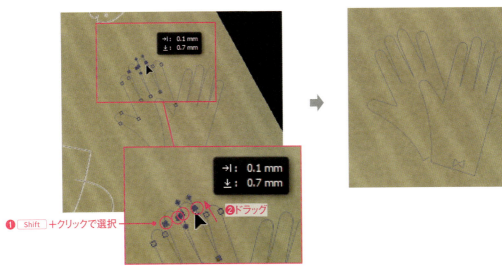

Macでは、キーは次のようになります。　Ctrl → ⌘　Alt → option　Enter → return

14-03 パスで描いた図形にブラシで線を描く②

8

再度、回転ビューツール❶を選択します❶。オプションバーの[ビューの初期化]をクリックして❷、元の状態に戻します。

9

パス選択ツール❶を選択します❶。手袋を囲むようにドラッグして選択します❷。すべてのアンカーポイントが選択されなくても、パスが選択されていればかまいません。

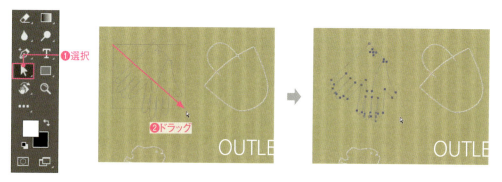

10

ブラシツール❶を選択します❶。[描画色と背景色を初期設定に戻す]をクリックしてから❷、[描画色と背景色を入れ替え]をクリックして❸、描画色を「ホワイト」に変更します。ブラシプリセットパネルを表示し、リストの下のほうに表示される「鉛筆」を選択します❹。レイヤーパネルで「レイヤー1」レイヤーが選択されていることを確認し❺、パスパネルで、[ブラシでパスの境界線を描く]をクリックします❻。選択したパスにだけ、線が描画されます。

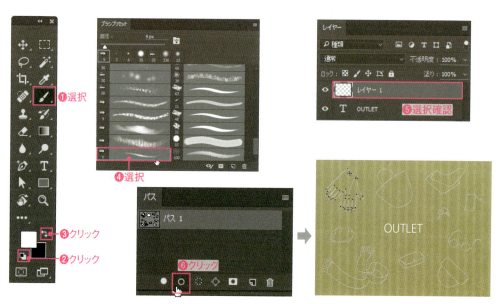

PART 14　図形（シェイプ）やパスを使ったテクニック

14-04 パスで描いた線画の内側を塗る

BEFORE → AFTER

パスで描いた線画の内側を塗るテクニックです。パスが交差している部分は、中マドになるので、個別に塗りましょう。また、閉じていないパスの内側は、選択範囲を使って塗りつぶします。

PART14 ▶ 14_04.psd

1

サンプルファイル（14_04.psd）を開きます❶。背面に「パターン1」レイヤーがあり、前面にテキストレイヤーがあります。「レイヤー1」レイヤーに、パスからブラシで境界線を描いた線画があります❷。「レイヤー1」レイヤーが選択されていることを確認します❸。

※使用環境にフォントがない場合はTypekitからダウンロードしてください。

2

レイヤーパネルで［新規レイヤーを作成］をクリックし❶、「レイヤー2」レイヤーを作成します❷。作成した「レイヤー2」レイヤーをドラッグして、「レイヤー1」レイヤーの背面に移動します❸。移動した「レイヤー2」レイヤーを選択します❹。

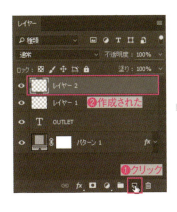
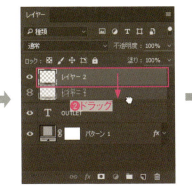

3

パスパネルを表示し、「パス1」をクリックして選択します❶。画像にパスが表示されます❷。

Macでは、キーは次のようになります。　Ctrl → ⌘　Alt → option　Enter → return

14-04 パスで描いた線画の内側を塗る

| 4 | パス選択ツールを選択します❶。ドラッグして、手袋/カバン（本体のみ）/サカナの3つのパスを選択します❷。すべてのアンカーポイントが選択されなくても、パスが選択されていればかまいません

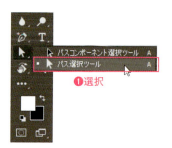  

| 5 | ツールパネルの［描画色と背景色を初期設定に戻す］をクリックして、描画色を「ブラック」に設定します❶。パスパネルを表示し、［パスを描画色を使って塗りつぶす］をクリックします❷。パスの内側がブラックで塗りつぶされます。

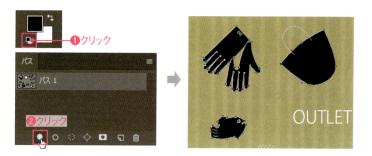

| 6 | 手袋の前面の親指の部分は、パスが交差しているため塗られていません❶。これは、パスが重なっている部分がオプションバーの［パスの操作］の初期設定で「中マド」になるためです。パス選択ツールで、塗られていないパスをドラッグして選択します❷。選択したら、パスパネルの［パスを描画色を使って塗りつぶす］をクリックします❸。

| 7 | マフラーの内側を塗っていきます❶。マフラーのパスは閉じていないので、パスパネルの［パスを描画色を使って塗りつぶす］で塗ることができません。そのため、「レイヤー1」レイヤーを使ってピクセルで閉じている部分を選択して、塗りつぶします。まずは、レイヤーパネルで「レイヤー1」レイヤーを選択します❷。

POINT

パスが交差した部分は、オプションバーの［パスの操作］が、初期設定で「中マド」になりますが、「シェイプを結合」に設定すれば、［パスを描画色を使って塗りつぶす］で全体を一度に塗りつぶすことができます。

14-04 パスで描いた線画の内側を塗る

8
自動選択ツールを選択します❶。オプションバーで、[許容値]を「32」に設定し❷、[アンチエイリアス][隣接]をチェックします❸。マフラーの線の内側を、Shiftキーを押しながらクリックして選択します❹。

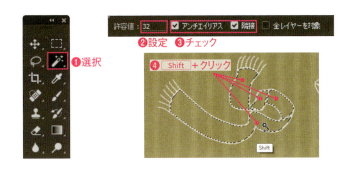

9 「レイヤー2」レイヤーを選択し❶、[編集]メニュー→[塗りつぶし]を選択します❷。[塗りつぶし]ダイアログボックスで、[内容](CS6～CC2014では[使用])を「描画色」に設定し❸、[OK]をクリックします❹。選択範囲が、ブラックで塗られます❺。

10 レイヤーパネルの[レイヤースタイルを追加]をクリックし❶、[カラーオーバーレイ]を選択します❷。[レイヤースタイル]ダイアログボックスが表示されるので、[描画モード]を「通常」に設定し❸、カラーボックスをクリックします❹。[カラーピッカー(オーバーレイカラー)]ダイアログボックスで、好みの色を選択して(ここでは、「R=227 G=131 B=131」)❺、[OK]をクリックします❻。[レイヤースタイル]ダイアログボックスに戻ったら[OK]をクリックします❼。ブラックで塗った部分が、オーバーレイの色に変わります。

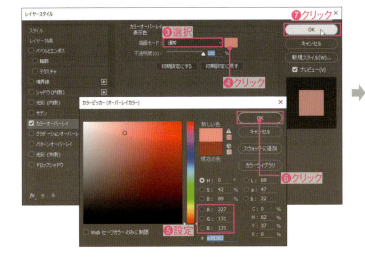

Macでは、キーは次のようになります。　Ctrl → ⌘　Alt → option　Enter → return

PART 14 図形（シェイプ）やパスを使ったテクニック

14-05 複数レイヤーのシェイプ図形を一度に選択して変形する

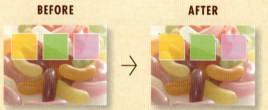

CCから、複数のレイヤーのシェイプを選択できるようになりました。また、属性パネルのライブシェイプの属性を変更して、簡単にシェイプの角丸を変更できます。

PART14 ▶ 14_05.psd

1

サンプルファイル（14_05.psd）を開きます❶。「レイヤー0」レイヤーに画像があり、前面に長方形を描画したシェイプレイヤーが3つあります。最前面の「長方形1」レイヤーが選択されていることを確認してください❷。

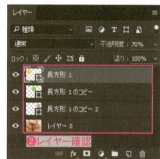

2

パスコンポーネント選択ツールを選択します❶。左上のシェイプをクリックします❷。シェイプが選択できました。

3

すべてのシェイプを選択したいので、3つのシェイプをドラッグして囲みます❶。しかし、左のシェイプだけしか選択できません❷。これは、パスコンポーネント選択ツールは、選択しているレイヤーのシェイプだけが選択対象となるからです。

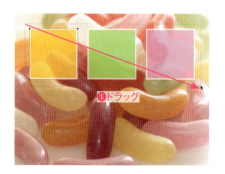

256

14-05 複数レイヤーのシェイプ図形を一度に選択して変形する

4 オプションバーの[選択]を[すべてのレイヤー]に変更します❶。パスコンポーネント選択ツールで、3つのシェイプをドラッグして囲みます❷。すべてのシェイプが選択できました❸。

5 属性パネルで、シェイプの形状を変更します。[角丸の半径値をリンク]をクリックして、解除します❶。右上の角丸半径の値を「50px」に変更します❷。3つのシェイプを右上が角丸に変形しました。複数のシェイプを選択すれば、形状を同時に変更できます。

POINT 複数のシェイプレイヤーを選択しての操作

パスコンポーネント選択ツールは、オプションバーの[選択]が「アクティブなレイヤー」であっても、レイヤーパネルでレイヤーが選択されていれば、選択されているレイヤーのシェイプを同時に選択できます。
また、「すべてのレイヤー」を選択して、複数のシェイプを選択すると、そのシェイプのレイヤーはレイヤーパネルで選択された状態になります。

Macでは、キーは次のようになります。

PART 14 図形（シェイプ）やパスを使ったテクニック

エッジのはっきりした被写体を
直線主体のパスを描画して切り抜く

BEFORE  → AFTER

画像の切り抜きは、選択範囲とレイヤーマスクを使うのが一般的ですが、直線部分の多い被写体はパスを使ったベクトルマスクのほうがシャープに切り抜けます。

PART14 ▶ 14_06.psd

1

サンプルファイル（14_06.psd）を開きます❶。背面に「グラデーション1」レイヤーがあり、「レイヤー1」レイヤーにキーボードの画像があります❷。キーボードを切り抜きますが、サンプルのような画像では、キーボードの境界と影の部分の色が似ていること、境界がはっきりした直線ということから、パスを使います。

❶開く

2

ペンツール を選択します❶。境界線の延長上の外側をクリックし❷、Aの位置でコーナーポイントにするためにドラッグします❸。Bの位置でもコーナーポイントにするためにドラッグします❹。次に、境界線に重なるように、画像の外側をクリックし❺、画像の外側をクリックして❻❼、最後は始点をクリックしてパスを閉じます❽。パスパネルには、「作業用パス」と表示されます❾。

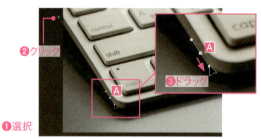

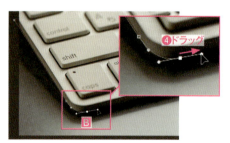

258

14-06　エッジのはっきりした被写体を直線主体のパスを描画して切り抜く

3

パス選択ツール を選択します❶。描画したパスを見て、パスがキーボードの境界に合っているかを確認し、合ってない箇所はアンカーポイントやハンドルをドラッグして調節します❷❸❹。画像と完全に同じにならなくてもかまわないので、自分の操作環境で境界に合うように調節してください。

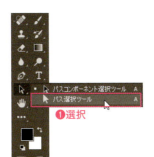

4

レイヤーパネルで、「レイヤー1」レイヤーが選択された状態のまま[レイヤーマスクを追加]を2回クリックします❶。1回目のクリックでレイヤーマスクが作成されます。今回は、選択範囲がないのでレイヤーマスクは変化がありません。2回目のクリックで、作成したパスからベクトルマスクが作成され、キーボードがパスで切り抜かれて背面のグラデーションが見えるようになります。パスパネルで、何もない場所をクリックしてパスの選択を解除して❷、きれいに切り抜かれているかを確認します❸。

5

きれいに切り抜かれていない場合は、パスパネルの「レイヤー1ベクトルマスク」を選択してパスを表示し❶、手順3と同様に、アンカーポイントやハンドルを調節してください❷。

Macでは、キーは次のようになります。　Ctrl → ⌘　　Alt → option　　Enter → return

ベクトルマスクで切り抜いた画像にリアルな影をつける

14-07

BEFORE → AFTER

ベクトルマスクで切り抜いた画像の背景に、同じベクトルマスクを使った塗りつぶしレイヤーを作成し、パスを調節してから[ぼかし]を適用してリアルな影をつけるテクニックです。

PART14 ▶ 14_07.psd

1

サンプルファイル（14_07.psd）を開きます❶。背面に「グラデーション1」レイヤーがあり、「レイヤー1」レイヤーにキーボードの画像があり、ベクトルマスクで切り抜かれています❷。

2

レイヤーパネルで、「レイヤー1」レイヤーを[新規レイヤーを作成]にドラッグして、コピーを作成します❶。「レイヤー1」レイヤーの画像サムネールをクリックして選択します❷。

3

[編集]メニュー→[塗りつぶし]を選択します❶。[塗りつぶし]ダイアログボックスが表示されるので、[内容]（CS6〜CC 2014では[使用]）を「ブラック」に設定して❷[OK]をクリックします❸。「レイヤー1のコピー」レイヤーの背面のため、画像の見た目に変化はありませんが、「レイヤー1」レイヤーの画像サムネールは黒く塗りつぶされています❹。

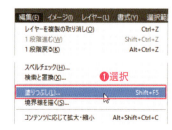
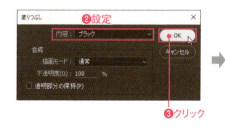
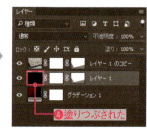

14-07 ベクトルマスクで切り抜いた画像にリアルな影をつける

4 「レイヤー1」レイヤーのベクトルマスクサムネールをクリックします❶。パス選択ツール を選択します❷。ベクトルマスクに使用されているパスが表示されるので、上のふたつを除いたアンカーポイントを囲んで選択します❸。

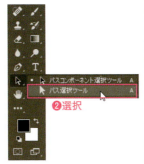

5 ❹のアンカーポイントを、Shiftキーを押しながら下に0.5mmドラッグします❶。選択したアンカーポイントが、すべて0.5mm下に移動したので、キーボードの境界線とパスの間に、ブラックで塗りつぶした「レイヤー1」レイヤーが表示され影のようになります。次に、左の外側のアンカーポイントをクリックして選択してから❷、Shiftキーを押しながら下にドラッグします❸。最後に左側のコーナーポイント❺をクリックして選択してから❹、少し左にドラッグして移動し❺、ハンドルをドラッグしてパスと直線になるように調節します❻。ベクトルマスクサムネールをクリックしてパスを非表示にして、影を確認します❼。

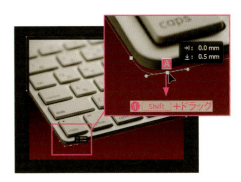

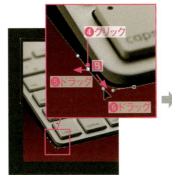

6 「レイヤー1」レイヤーのベクトルマスクサムネールをクリックします❶。属性パネルで［ぼかし］のスライダーをドラッグして「10px」に設定します❷。ベクトルマスクも、レイヤーマスク同様に［ぼかし］を適用できます。黒い影がリアルに表現されました❸。パスを非表示にするには、再度ベクトルマスクサムネールをクリックしてください。

Macでは、キーは次のようになります。　Ctrl → ⌘　　Alt → option　　Enter → return

PART 14 | 図形（シェイプ）やパスを使ったテクニック

14-08 カスタムシェイプを変形して閃光を描く

閃光は、形の似ているカスタムシェイプを変形して作成すると効率的です。シェイプの形状を自由に変形できると、表現の幅も広がります。グラデーションオーバーレイを併用すれば、よりリアルに表現できます。

PART14 ▶ 14_08.psd

1

サンプルファイル（14_08.psd）を開きます❶。このファイルは「グラデーション1のコピー」レイヤーと「グラデーション1」レイヤーのふたつのグラデーションレイヤーを使って逆光を表現しています❷。

※使用環境にフォントがない場合はTypekitからダウンロードしてください。

2

レイヤーパネルで、「グラデーション1のコピー」レイヤーを選択し❶、ツールパネルでカスタムシェイプツールを選択します❷。

3

オプションバーで、［シェイプ］のアイコン部分をクリックし❶、表示されたパネルの をクリックします❷。メニューが表示されるので［バナーと賞］を選択します❸。

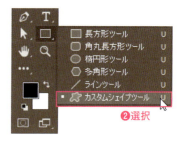

14-08 カスタムシェイプを変形して閃光を描く

4 ダイアログボックスが表示されるので、[追加]をクリックします❶。オプションバーのシェイプのプリセットに、[バナーと賞]のシェイプが追加されるので❷、「バナー5」をクリックして選択します❸。

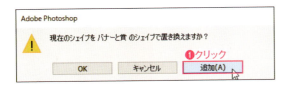

5 オプションバーで、[シェイプ]を選択し❶、[塗り]を「ホワイト」❷、[線]を「なし」に設定します❸。設定したら、楕円の中央付近からドラッグを開始し、途中から[Alt]キーと[Shift]キーを押して、[W]が「23.0mm」、[H]が「12.5mm」ぐらいのシェイプを描画します❹。「グラデーション1のコピー」レイヤーの上に、「シェイプ1」レイヤーが作成されます❺。

6 オプションバーの[パスの整列]をクリックし❶、メニューから「カンバスに揃える」を選択します（すでにチェックされている場合はそのままでかまいません）❷。再度、[パスの整列]をクリックしてメニューを表示し「水平方向中央」をクリックし❸、シェイプを水平方向中央に揃えます❹。

POINT

CS6では、描画したシェイプを、パスコンポーネント選択ツール で選択してから整列してください。

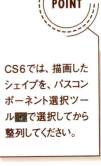

Macでは、キーは次のようになります。　[Ctrl]→[⌘]　[Alt]→[option]　[Enter]→[return]

| 7 | 続いて、[パスの整列]をクリックしてメニューを表示し❶、「垂直方向中央」をクリックし❷、シェイプを垂直方向中央に揃えます❸。

| 8 | パス選択ツール▶を選択します❶。描画したシェイプの左右中央のふたつのアンカーポイントを囲むようにドラッグして選択します❷。

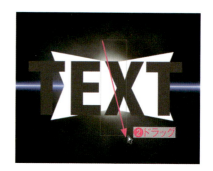

| 9 | [Ctrl]キーと[T]キーを押します（[編集]メニュー→[ポイントを自由変形]のキーボードショートカットです）❶。バウンディングボックスが表示されるので、上中央のハンドルを[Alt]キーを押しながら「H:1.4mm」まで下にドラッグし❷、[Enter]キーを押して変形を確定します❸。中央が狭まりました❹。

14-08 カスタムシェイプを変形して閃光を描く

|10| 同様に、左右方向でも変形します。左中央のアンカーポイントをドラッグして囲んで選択します❶。続いて、右中央のアンカーポイントを Shift キーを押しながらドラッグして囲んで選択に追加します❷。選択したら、Ctrl キーと T キーを押し❸、表示されたバウンディングボックスの右中央のハンドルを Alt キーを押しながら「W：1.4mm」まで左にドラッグし❹、Enter キーを押して変形を確定します❺。星のような形状になりました❻。

|11| シェイプが選択された状態で、属性パネルの［ぼかし］をドラッグして「2.0px」に設定します❶。シェイプ以外の部分をクリックして選択を解除し❷、閃光のイメージになっていることを確認します。

|12| レイヤーパネルで、「シェイプ1」レイヤーの文字のない部分をダブルクリックします❶。［レイヤースタイル］ダイアログボックスが表示されるので、［グラデーションオーバーレイ］をクリックして選択します❷。［スタイル］を「円形」❸、［角度］を「45」❹、［比率］を「85」に設定し❺、グラデーションのサムネールをクリックします❻。

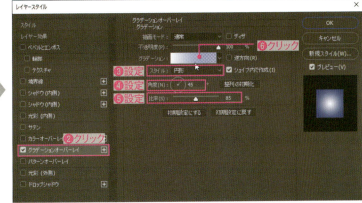

Macでは、キーは次のようになります。 Ctrl → ⌘   Alt → option   Enter → return

13 ［グラデーションエディター］ダイアログボックスが表示されるので、プリセットから「11-05」で作成したグラデーションを選択します（グラデーションを「11-05」で作成していない場合は、「11-05」を参照して設定してください）❶。グラデーションスライダーの右側の不透明度の分岐点をクリックして選択し❷、［不透明度］を「50」に設定し❸、［OK］をクリックします❹。［レイヤースタイル］ダイアログボックスに戻ったら、［OK］をクリックします❺。閃光の色が変わりました❻。レイヤーパネルには、適用した［グラデーションオーバーレイ］が表示されます❼。

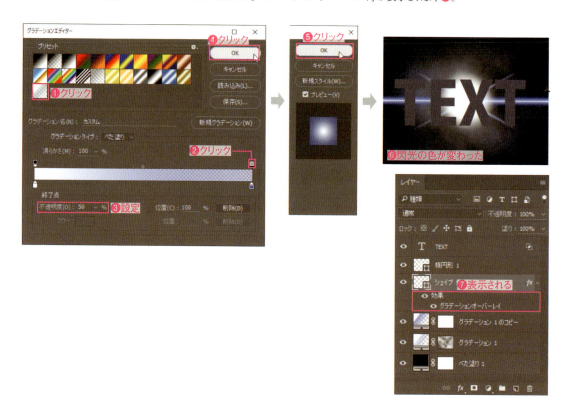

14 シェイプの先端のアンカーポイントをドラッグして変形します❶。先端4つのアンカーポイントを、ドラッグして好きな形状に変形してください❷。最後にシェイプ以外の部分をクリックして選択を解除します❸。

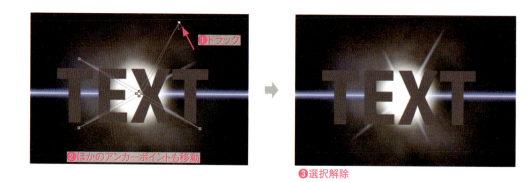

PART 15

Easy-to-understand Reference book of Photoshop Professional Technical design

［Camera Raw］の操作／ファイルの保存

Photoshopに付属している、Rawデータを現像するためのソフトである［Camera Raw］は、現像だけでなく色調補正をはじめ、さまざまな画像補正機能を持っています。また、Rawデータ以外に、PhotoshopファイルやJPEGファイルも開いて補正できます。本PARTでは、［Camera Raw］の使い方をはじめ、印刷用のCMYKデータやWebデータの保存と、その自動化テクニックについて紹介します。

PART 15 [Camera Raw]の操作／ファイルの保存

[Camera Raw]でRAWデータを補正してPSDデータにする

15-01

[Camera Raw]は、Rawデータを現像してPhotoshopで開くだけでなく、色調補正や効果も適用できます。慣れればPhotoshopで補正するよりもスピーディーに行えるテクニックです。

BEFORE　AFTER

PART 15 ▶ 15_01.dng

1

Photoshopで、[ファイル]メニュー→[開く]から、サンプルファイル（15_01.dng）を開きます。このファイルは、RAWデータなので、[Camera Raw]が起動して表示されます❶。[Camera Raw]は、RAWデータの現像だけでなく、色調補正機能もあります。ここでは、Photoshopで開く前に、どのような補正項目があるかを確認しながら補正してみましょう。

❶[Camera Raw]で開く

2

[基本補正]タブの[露光量]のスライダーを右にドラッグして「+1.00」に設定します❶。画像が明るくなります。

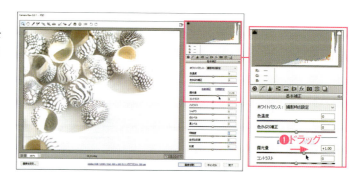

3

[基本補正]タブの[明瞭度]のスライダーを左にドラッグして「-40」に設定します❶。画像が少しぼやけた感じになります。

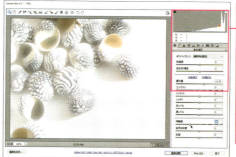

268

15-01 ［Camera Raw］でRAWデータを補正してPSDデータにする

4

［トーンカーブ］タブをクリックして、パネルの表示を切り替えます❶。［ポイント］タブをクリックし❷、トーンカーブの中央やや左を上にドラッグします❸。画像が若干明るくなったことをプレビューで確認してください。

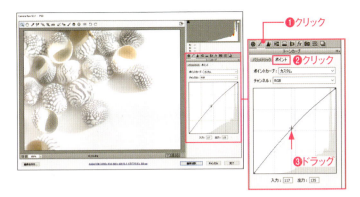

5

［HSL/グレースケール］タブをクリックして、パネルの表示を切り替えます❶。［グレースケール］をチェックし❷、画像をグレースケールに変換します。

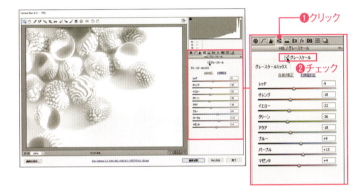

6

［効果］タブをクリックして、パネルの表示を切り替えます❶。［切り抜き後の周辺光量補正］の［適用量］を右にドラッグし「+100」に設定します❷。画像の中心から周辺に向かって明るくなり、徐々にぼけていくようになります❸。

7

［切り抜き後の周辺光量補正］の［中心点］を左にドラッグし「29」に設定します❶。ぼかしの範囲が狭まりました❷。これで、［Camera Raw］での補正は終了です。ひとつのウィンドウの中で、さまざまな補正が行えるのが［Camera Raw］のメリットです。

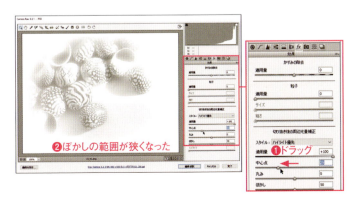

Macでは、キーは次のようになります。　Ctrl → ⌘　　Alt → option　　Enter → return

15-01　［Camera Raw］でRAWデータを補正してPSDデータにする

8 補正した画像をPhotoshopで開きましょう。［画像を開く］をクリックします❶。Photoshopで、補正後の状態でファイルが開きます❷。

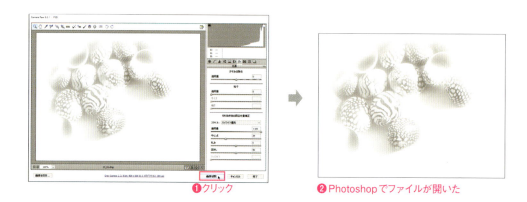

❶クリック　　❷Photoshopでファイルが開いた

9 開いたファイルは、RAWデータの状態です。編集するには、Photoshop形式で保存してからにしましょう。［ファイル］メニュー→［別名で保存］を選択します❶。［名前を付けて保存］ダイアログボックスが表示されるので、［ファイルの種類］（Macでは［ファイル形式］）に「Photoshop」を選択して❷、［保存］をクリックします❸。

❶選択　　❷選択　　❸クリック

補正後のデータをRAWで保存

［Camera Raw］の［画像を保存］をクリックすると、補正したデータをRAWデータで保存できます。
［保存オプション］ダイアログボックスが表示されるので、ファイルの名前やファイル形式をして保存してください。

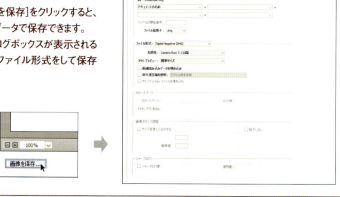

270

PART 15 ［Camera Raw］の操作／ファイルの保存

15-02
JPEGファイルを［Camera Raw］で開く

CC CS6

BEFORE　AFTER

RAWデータの現像に使用する［Camera Raw］では、RAWデータだけでなく、JPEGファイルやPSDファイルも開いて、各種補正が可能です。［Camera Raw］をよく使うユーザーは知っておきたいテクニックです。

PART 15 ▶ 15_02.jpg

1　［ファイル］メニュー→［指定形式で開く］（Macでは、［ファイル］メニュー→［開く］）を選択します❶。［開く］ダイアログボックスが表示されるので、ファイルにサンプルファイル（15_02.jpg）を選択し❷、右下のファイル形式の選択欄で（Macでは［形式］）［Camera Raw］を選択して❸、［開く］をクリックします❹。

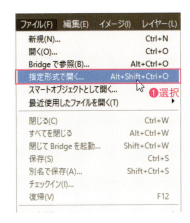

2　［Camera Raw］で指定したファイルが開きます❶。この画面だけで、Photoshopで開く前に、さまざまな補正が可能です。

❶［Camera Raw］で開く

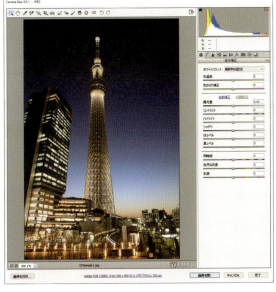

POINT

PNGはOK、BMPはNG
同様に、PSDファイルやPNGファイルも開けます。BMPファイルは開けません。

Macでは、キーは次のようになります。　Ctrl → ⌘　　Alt → option　　Enter → return

271

PART 15 [Camera Raw]の操作／ファイルの保存

[Camera Raw]で複数のファイルに同じ設定を適用する

[Camera Raw]を使うと、複数の画像ファイルに対して同じ補正を適用できます。同じ設定で撮影した写真に、同じ補正を適用するときに便利なテクニックです。

PART 15 ▶ 15_03 ▶ 15_03A.dng、15_03B.dng、15_03C.dng

1

[ファイル]メニュー→[開く]を選択します❶。[開く]ダイアログボックスが表示されるので、3つのサンプルファイル（15_03A.dng、15_03B.dng、15_03C.dng）を選択して❷、[開く]をクリックします❸。

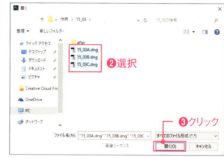

2

3つのサンプルファイルは、RAWデータなので、[Camera Raw]が起動して表示されます❶。選択した3つのファイルは、左側の[Filmstrip]にサムネールで表示されます❷。サムネールをクリックして選択すると、補正の対象となります。ここでは「15_03A.dng」を選択しています。[露光量]を「+1.00」❸、[自然な彩度]を「+40」に設定します❹。

3

[明暗別色補正]タブをクリックします❶。[シャドウ]の[色相]を「240」❷、[彩度]を「50」に設定します❸。

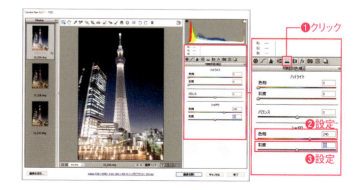

4

左上の[Filmstrip]で下のふたつのサムネールを順番に[Ctrl]キーを押しながらクリックして選択に追加します❶。メニューアイコンをクリックして❷、[設定を同期]を選択します（[Camera Raw]によっては[同期]をクリック）❸。[同期]ダイアログボックスが表示されるので、同期する項目を選択して（ここでは初期状態のまま）[OK]をクリックします❹。「15_03A.dng」に適用した補正が、ほかのファイルにも適用されます。

5

「15_03B.dng」をクリックして選択します❶。補正が適用されていることを確認します❷。確認したらここでは[完了]をクリックします❸。RAWデータは、補正した状態を保持しているので、次回開いたときも、同じ補正状態で開くことができます。

POINT 補正を消去する

[Camera Raw]での補正は、Adobe Bridgeを使うと、設定を消去して撮影時の状態に戻せます。
Bridgeで画像を選択して右クリックし、[設定を作成]から[設定を消去]を選択してください。

Macでは、キーは次のようになります。　[Ctrl]→[⌘]　[Alt]→[option]　[Enter]→[return]

PART 15 | [Camera Raw]の操作／ファイルの保存

[Camera Raw]で白飛びを抑えつつ画像を明るくする

15-04

CC　CS6

BEFORE　　　AFTER

[Camera Raw]では、色調補正する際、「白飛び」や「黒つぶれ」を目視しながら調節できます。RAWデータの現像以外に、通常の画像でも利用できるテクニックです。

PART 15 ▶ 15_04.dng

1

Photoshopで、[ファイル]メニュー→[開く]から、サンプルファイル（15_04.dng）を開きます。このファイルは、RAWデータなので、[Camera Raw]が起動して表示されます❶。

❶[Camera Raw]が起動して表示される

2

[露光量]を「+0.80」まであげて明るくします❶。明るくしたので、画像内に白飛びが発生しました。ヒストグラムの[ハイライトクリッピング警告]の色が白飛びしているチャンネルのカラー（ここではレッド）で表示され❷、プレビューも該当部分が赤く表示されます❸。

❷白飛びしているチャンネルのカラーが表示される

❸白飛びした部分は赤く表示される

274

15-04　[Camera Raw] で白飛びを抑えつつ画像を明るくする

3 白飛びがなくなるように [白レベル] を [-55] まで下げます❶。[白レベル] を調節すると、白飛びを調節できます。プレビューで赤い部分がなくなったことを確認し❷、ヒストグラムの [ハイライトのクリッピング] も元に戻りました❸。

4 調節できたら、[画像を開く] をクリックします❶。調整後の画像がPhotoshopで開きます❷。

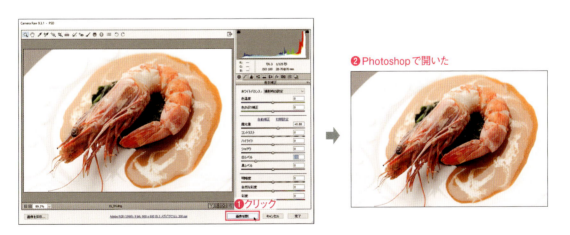

プレビューで白飛び部分が赤く表示されないときは

ヒストグラムの [ハイライトクリッピング警告] をクリックしてください。アイコンが白い枠で囲まれて表示されているときは、プレビューで赤く表示されます。
シャドウ側の [シャドウクリッピング警告] も同様です。[シャドウクリッピング警告] では、黒つぶれした部分が青で表示されます。ヒストグラムの [シャドウクリッピング警告] の色は、黒つぶれしたチャンネルの色が表示されます。

Macでは、キーは次のようになります。　Ctrl → ⌘　　Alt → option　　Enter → return

CMYKモード変換と解像度変更をアクションで自動化する

PART 15 [Camera Raw]の操作／ファイルの保存

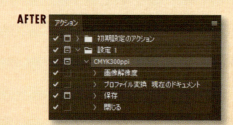

写真画像を商用印刷用に使うには、RGBからCMYKモードへの変換が必要です。また解像度も300ppiにしておくとよいでしょう。これらの作業はよく使うのでアクションで自動化しておくと便利です。

PART15 ▶ 15_05 ▶ 15_05A.psd、15_05B.psd

1 サンプルファイル（15_05A.psd）を開きます❶。このファイルは、RGBモードの画像ですが、商用印刷用として使用するためにCMYKモードに変換が必要です。また、レイアウトソフトで扱いやすいように解像度も300ppiに変換しておきます。これらの作業をアクションに登録して、自動で行えるようにしましょう

2 アクションパネルを開きます。「初期設定のアクション」が表示されていますが、登録するアクションがわかりやすいように表示を閉じ❶、パネル下部の［新規セットを作成］をクリックします❷。［新規セット］ダイアログボックスが表示されるので、［アクションセット名］はそのまま「設定1」として❸、［OK］をクリックします❹。アクションパネルに新しいアクションセットが追加されます❺。

3 ［新規アクションを作成］をクリックします❶。［新規アクション］ダイアログボックスが表示されるので、［アクション名］に「CMYK300ppi」と入力し❷、［記録］をクリックします❸。アクションパネルに、入力したアクション名が追加され❹、パネル下部の［記録開始］ボタンが押された状態になり❺、操作の記録状態になります。

15-05 CMYKモード変換と解像度変更をアクションで自動化する

4 [イメージ]メニュー→[画像解像度]を選択します❶。[画像解像度]ダイアログボックスが表示されるので、[再サンプル]がチェックされていないことを確認し（チェックされていたらクリックして外す）❷、[解像度]を「300」に設定して❸、[OK]をクリックします❹。アクションパネルに、操作したコマンドの[画像解像度]が追加されます❺。

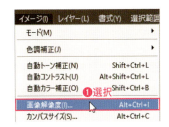

5 [編集]メニュー→[プロファイル変換]を選択します❶。[プロファイル変換]ダイアログボックスが表示されるので、[変換後のカラースペース]の[プロファイル]を「Japan Color 2001 Coated」に設定し❷、[OK]をクリックします❸。アクションパネルに、操作したコマンドの[プロファイル変換]が追加されます❹。

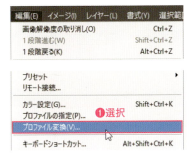

6 [ファイル]メニュー→[別名で保存]を選択します❶。[別名で保存]ダイアログボックスが表示されるので、[ファイル名]に「15_05A_CMYK.psd」と入力し❷、[保存]をクリックします❸。

Macでは、キーは次のようになります。　Ctrl → ⌘　　Alt → option　　Enter → return

15-05 CMYKモード変換と解像度変更をアクションで自動化する

7 ［Photoshop形式オプション］ダイアログボックスが表示されたら、［OK］をクリックします❶。アクションパネルに、操作したコマンドの［保存］が追加されます❷。

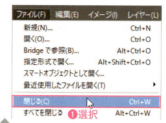

8 ［ファイル］メニュー→［閉じる］を選択します❶。CC2015ではスタート画面に戻るので❷、右上の［スタート］をクリックし❸、メニューから［初期設定］を選択します❹。スタート画面を表示しない設定にしている場合やCC 2014以前のバージョンでは、手順9に進んでください。アクションパネルに、操作したコマンドの［選択範囲ワークスペース"初期設定"］が追加されます❺。

9 アクションパネルの［再生／記録を中止］をクリックして、操作の記録を終了します❶。スタート画面が表示されない場合や、CC2014以前のバージョンでは、手順10に進んでください。CC2015では、最後に記録した［選択範囲ワークスペース"初期設定"］は不要なので［削除］をクリックして削除します❷。ダイアログボックスで「選択項目を削除しますか」と表示されるので、［OK］をクリックします❸。［選択範囲ワークスペース"初期設定"］がアクションから削除されました❹。

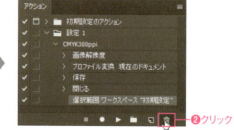

15-05 CMYKモード変換と解像度変更をアクションで自動化する

10

アクションパネルで、記録した［保存］の［ダイアログボックスの表示を切り替え］をクリックして❶、表示するようにします。これは、アクションを実行した際に、ファイル名を自分で入力するために、ダイアログボックスを表示するためです。

POINT ダイアログボックスを表示しないと、アクションを登録したときの場所と名称で保存されます。

11

記録したアクションが正しく動作するかを確認してみましょう。サンプルファイル（15_05B.psd）を開きます❶。アクションパネルで、実行するアクションとして［CMYK300ppi］を選択し❷、［選択項目を再生］をクリックします❸。記録した操作が自動で実行されていき、ダイアログボックスを表示するように設定した［保存］の項目が選択された状態で止まり❹、［名前を付けて保存］ダイアログボックスが表示されます。［ファイル名］に「15_05B_CMYK.psd」と入力し❺、［保存］をクリックします❻。［Photoshop形式オプション］ダイアログボックスが表示されたら、［OK］をクリックします❼。指定したフォルダーに、ファイルが保存されていることを確認します❽。

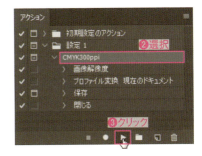

Macでは、キーは次のようになります。　Ctrl → ⌘　Alt → option　Enter → return

PART 15 ［Camera Raw］の操作／ファイルの保存

15-06 Web用のJPEGファイルを自動で作成するドロップレットを作る

CC CS6

AFTER

操作を自動化するアクションをドロップレットで書き出すと、ファイルをドラッグするだけで実行できるようになります。実際にWeb用のJPEGファイルに保存するドロップレットを作成してみましょう。

📁 PART15 ▶ 15_06 ▶ 15_06A.psd、15_06B.psd

1

アクションパネルを開き、［新規アクションを作成］をクリックします（アクションは選択したアクションフォルダーに登録されます。ここでは「15-05」で作成した「設定1」を選択しています）❶。［新規アクション］ダイアログボックスが表示されるので、［アクション名］に「JPG60_200_200px」と入力し❷、［記録］をクリックします❸。アクションパネルに、入力したアクション名が追加され❹、パネル下部の［記録開始］ボタンが押された状態になり❺、操作の記録状態になります。

2

［ファイル］メニュー→［開く］を選択します❶。［開く］ダイアログボックスが表示されるので、［15_06A.psd］を選択し❷、［開く］をクリックします❸。選択した画像が開き❹、アクションパネルに、操作したコマンドの［開く］が追加されます❺。

15-06 Web用のJPEGファイルを自動で作成するドロップレットを作る

3

[ファイル]メニュー→[書き出し]→[Web用に保存(従来)]（CC 2014以前のバージョンでは、[ファイル]メニュー→[Web用に保存]）を選択します❶。[Web用に保存]ダイアログボックスが表示されるので、[プリセット]から「JPEG標準」を選択します❷。[画像サイズ]で、縦横比保持の鎖のアイコンがつながっていることを確認し（外れていたらクリックしてつなぐ）❸、[W]に「200」と入力して❹、[保存]をクリックします❺。

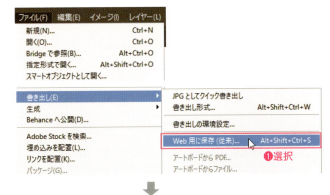

POINT

ここでは[JPEG標準]を選択していますが、ほかの設定のアクションも同様に作って、用途に応じて使い分けるとよいでしょう。

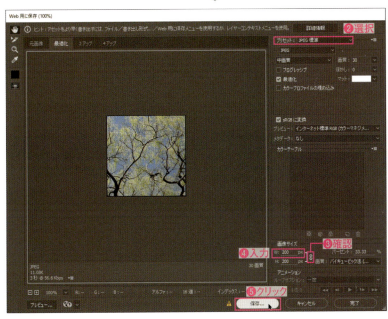

4

[最適化ファイルを別名で保存]ダイアログボックスが表示されるので、保存場所を指定します（ここではデスクトップに「WebFile」フォルダーを作成して指定）❶。ファイル名は初期値のまま❷、[保存]をクリックします❸。「保存されるファイルの中に～」の警告ダイアログボックスが表示されたら、[OK]をクリックしてください。アクションパネルに、操作したコマンドの[書き出し]が追加されます❹。

Macでは、キーは次のようになります。　Ctrl → ⌘　Alt → option　Enter → return

15-06　Web用のJPEGファイルを自動で作成するドロップレットを作る

5　［ファイル］メニュー→［閉じる］を選択します❶。保存するかを聞くダイアログボックスが表示されるので［いいえ］をクリックします❷。

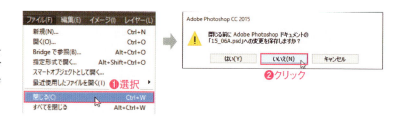

6　CC 2015ではスタート画面が表示されるので❶、右上の［スタート］をクリックし❷、メニューから［初期設定］を選択します❸。スタート画面を表示しない設定にしている場合やCC 2014以前のバージョンでは、手順7に進んでください。アクションパネルに、操作したコマンドの［選択範囲ワークスペース"初期設定"］が追加されます❹。

7　アクションパネルの［再生／記録を中止］をクリックして、操作の記録を終了します❶。スタート画面を表示しない設定にしている場合やCC 2014以前のバージョンでは、手順8に進んでください。CC 2015では、最後に記録した［選択範囲ワークスペース"初期設定"］は不要なので［削除］アイコンにドラッグして削除します❷。［選択範囲ワークスペース"初期設定"］がアクションから削除されました❸。

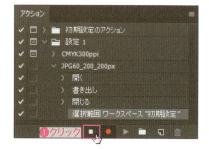

8　［ファイル］メニュー→［自動処理］→［ドロップレットを作成］を選択します❶。

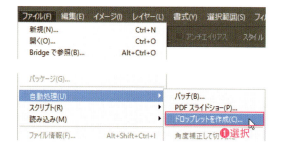

282

15-06 Web用のJPEGファイルを自動で作成するドロップレットを作る

9 ［ドロップレットを作成］ダイアログボックスが表示されるので、［アクション］に「JPG60_200_200px」が選択されていることを確認します❶。［ドロップレットを保存］の［選択］をクリックします❷。［名前を付けて保存］ダイアログボックスが表示されるので、保存場所にデスクトップを選択します❸。［ファイル名］に「JPG60_200_200」と入力し❹、［保存］をクリックします❺。［ドロップレットを作成］ダイアログボックスに戻るので、［"開く"コマンドを無視］をチェックし（「このオプションを～」のダイアログボックスが表示されたら［OK］をクリックします）❻、［OK］をクリックします❼。

10 デスクトップにドロップレットが作成されました❶。ドロップレットを使ってみましょう。サンプルファイルのフォルダーを開き、5つのサンプルファイル（15_06A.psd～15_06E.psd）を選択し❷、デスクトップのドロップレットにドラッグします❸。ドロップレット作成時に指定したアクションが実行され、手順4で指定したフォルダー（ここではデスクトップの「WebFile」フォルダー）に、JPEGファイルが書き出されます❹。

❶作成された

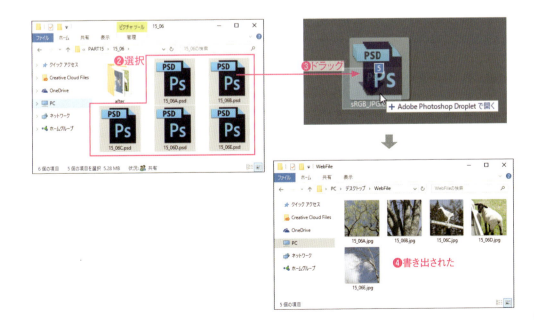

Macでは、キーは次のようになります。　Ctrl → ⌘　　Alt → option　　Enter → return

INDEX

英数字

- 2階調化 ······ 101,102
- 100% ······ 019
- 100%表示 ······ 241
- Bridge ······ 244,273
- Camera Raw ······ 268,271,272,274
- Camera Rawフィルター ······ 198
- CMYKモード ······ 276
- Dot Gain 15% ······ 078
- Filmstrip ······ 272
- HSL/グレースケール ······ 269
- Illustrator ······ 172,246
- Japan Color 2001 Coated ······ 277
- JPEGファイル ······ 271
- Photomerge ······ 104
- Photoshop書き出しオプション ······ 172
- Photoshop形式オプション ······ 278
- RAWで保存 ······ 270
- RGBモード ······ 276
- Vanishing Point ······ 049,053
- Web用に保存 ······ 281
- Web用に保存(従来) ······ 281

あ

- アクション ······ 276,280
- アクションセット名 ······ 276
- アルファチャンネル ······ 028,166,189,218
- アンカーポイント ······ 251,259,261,264
- アンチエイリアス ······ 012,255

い

- 一列選択ツール ······ 180
- 移動ツール ······ 094,171,207,228,243

う

- ウィンドウサイズを変更 ······ 241
- ウィンドウ表示 ······ 242
- 渦ツール-(右回転) ······ 061,184

え

- エッジのポスタリゼーション ······ 087
- 遠近法ワープ ······ 054,056
- 円形 ······ 215
- 鉛筆ツール ······ 181
- エンボス ······ 223

お

- 覆い焼きカラー ······ 223
- オーバーレイ ······ 113,132,134,136,186
- 置き換え ······ 232
- 同じ位置にペースト ······ 166
- オブジェクト ······ 172
- オプションバー ······ 023,025

か

- 解像度 ······ 172
- 階調の反転 ······ 162,173
- 回転ビューツール ······ 250
- 書き出し ······ 172
- 拡大・縮小 ······ 119,148
- 拡張 ······ 013
- 角度補正 ······ 032
- カスタムシェイプツール ······ 262
- 画像解像度 ······ 246,277
- 角丸の半径値をリンク ······ 257
- カラー ······ 175
- カラーオーバーレイ ······ 113,171,255
- カラーパネル ······ 013
- カラーバランス ······ 072,083
- カラーピッカー ······ 038,059,113,115,116,135,149,150,171,175,182,203,211,214,219,223
- カラーモード ······ 172
- カンバスサイズ ······ 092,188
- カンバスに揃える ······ 263
- カンバスの境界に効果を適用 ······ 027
- ガンマ ······ 163

き

- 木 ······ 170
- 逆光 ······ 150
- 境界線 ······ 122,153,156
- 境界をぼかす ······ 161
- 許容値 ······ 237,255
- 切り抜いたピクセルを削除 ······ 032,119
- 切り抜き ······ 044,099
- 切り抜き後の周辺光量補正 ······ 269
- 切り抜きツール ······ 032,036,099,119,236
- 切り抜きプレビュー ······ 033

く

- クイック選択ツール ······ 018,024,028,034,077,083
- 雲模様 ······ 140
- グラデーション ······ 202,214
- グラデーションエディター ······ 202,209,214,266

グラデーションオーバーレイ ……… 153,154,208,231
グラデーションツール ……………… 179,180,226
グラデーションで塗りつぶし ……………………… 214
クイック選択ツール ……………………… 189,194
クリッピングマスク ……………………………… 234
グループ化 ………………………………………… 042
グレースケール …………………………………… 076

こ

効果 ………………………………………………… 154
光沢輪郭 …………………………………………… 164
コーナーポイント ………………………………… 258
コピースタンプツール …………………………… 195
個別のレイヤー効果の表示／非表示 …………… 124
コンテンツに応じた移動ツール ………………… 194
コンテンツに応じた塗りつぶし ………………… 037
コンテンツに応じた塗りつぶしを透明な領域に適用
……………………………………………………… 105
コンテンツに応じて拡大・縮小 ………………… 189
コンテンツに応じる ……………………… 037,093,190
コントロール ……………………………………… 177

さ

再構築 ……………………………………………… 062
サイズのジッター ………………………………… 174,177
再生／記録を中止 ………………………………… 278
最適化ファイルを別名で保存 …………………… 281
彩度 ………………………………………………… 081
作業用パス ………………………………………… 035,247
作業用パスを作成 ………………………………… 224
散布 ………………………………………………… 175,178

し

シェイプ …………………………………… 038,108,174,256
シェイプレイヤー ………………………………… 042
シェイプを結合 …………………………………… 254
色相・彩度 ………………………………………… 079,237
色相のジッター …………………………………… 175
色調補正 …………………………………………… 072
自然な彩度 ………………………………………… 272
自動選択 …………………………………………… 228
自動選択ツール …………………………… 012,093,099,237,255
シャドウ（内側） ………………………………… 153,211
シャドウのモード ………………………………… 223
シャドウ・ハイライト …………………………… 084
自由な形に ………………………………………… 067,121,147
自由変形 …………………………………… 063,204,207,243
縮小 ………………………………………………… 027
乗算 ………………………………………………… 059,232

焦点領域 …………………………………………… 020
照明効果 …………………………………………… 166,220
除算 ………………………………………………… 102
白黒 ………………………………………………… 076,103
白レベル …………………………………………… 275
新規アクションを作成 …………………………… 276,280
新規グラデーション ……………………………… 210
新規グループを作成 ……………………………… 227
新規スナップショットを作成 …………………… 191
新規チャンネルを作成 …………………………… 165,218
新規レイヤーを作成 …… 040,049,077,102,175,206

す

垂直方向に反転 …………………………………… 067
ズームツール ……………………………………… 019
スクリーン ………………………………………… 087
スクリプトパターン ……………………………… 170
スナップショット ………………………………… 191
すべてのレイヤー ………………………………… 257
すべてを選択 ……………………………………… 026
スポット修正ツール ……………………………… 199
スポット修復ブラシツール ……………………… 191,206
スマートオブジェクト …………………… 036,058,098,142
スマートオブジェクトに変換 …… 046,054,056,060,063,
084,086,100,108,118,150,165,176,198,204
スマートフィルター ……………………… 062,085,101,200
スムーズツール …………………………………… 062

せ

設定を同期 ………………………………………… 273
選択項目を再生 …………………………………… 279
選択範囲 …………………………… 012,014,016,018,020,
022,024,026,028,030
選択範囲から作業用パスを作成 ………………… 034
選択範囲に追加 …………………………………… 043
選択範囲を拡張 …………………………………… 013
選択範囲を削除 …………………………………… 015
選択範囲を作成 …………………………………… 097
選択範囲をチャンネルとして保存 ……………… 189
選択範囲を反転 …………………………… 015,016,097,099,181
選択範囲を保存 …………………………………… 029
選択を解除 ………………………………………… 018,078
前方ワープツール ………………………………… 061
前面シェイプを削除 ……………………………… 040

そ

ソフトライト ……………………………………… 222

た

ダイアログボックスの表示を切り替え	279
対称塗り	206
楕円形選択ツール	014,016
多角形選択ツール	129
タブ表示	243

ち

チャンネルの表示／非表示	115,135,140,166
チャンネルパネル	029
チャンネルミキサー	075,088
中間調	094
調整ピン	047,197
長方形選択ツール	051,190,195,205,250

つ

通常レイヤー	014

て

テクスチャ	220
手のひらツール	238

と

透明部分の保持	186
トーンカーブ	073,269
特定色域の選択	070
トリミング	032
ドロップシャドウ	123,124,126,146,153,158,226
ドロップレット	280
ドロップレットを作成	282

な

中マド	254
なげなわツール	037,094

ぬ

塗りつぶし	013,037,077,093,130,161,186,190, 206,219,255,260
塗りつぶしまたは調整レイヤーを新規作成	076,079, 089,093,101,103,106,112, 114,160,162,173,179,202,214
塗りの不透明度	123,125

の

ノックアウト（抜き）	041

は

背景レイヤー	014
ハイパス	100,102
ハイライトクリッピング警告	198,274
バウンディングボックス	043,063,119
バウンディングボックスを表示	228
波形	109
パス	246,248,250,253
パスコンポーネント選択ツール	038,248,256
パス選択ツール	251,254,259
パスの自由変形	043,044
パスの整列	263
パスの操作	039
パスパネル	034
パスを描画色を使って塗りつぶす	254
パスを保存	247
パターン	112,127,204
パターンで塗りつぶし	112
パターンを定義	205
パペットワープ	046,196
反転	078,116

ひ

比較（暗）	121
ヒストリーパネル	191
ヒストリーブラシソース	192
ヒストリーブラシツール	192
描画色	013
描画色と背景色を入れ替え	068,095,130,139,143, 175,177,226,249
描画色と背景色を初期設定に戻す	030,068,095,130, 139,143,163,175,177,180,225,226,249,254
描画色・背景色のジッター	175
描画モード	059,087,102,113,121,132, 134,136,186,222,232,255
ピローエンボス	231

ふ

ファイル名をバッチで変更	244
ファイルをレイヤーとして読み込み	117
フィルターギャラリー	086
フォールオフ	080
不透明度	068,191
ブラシサイズ	019,239
ブラシ先端のシェイプ	176
ブラシツール	095,138,143,163,165,173,174, 183,225,238,249
ブラシでパスの境界線を描く	225,249,252

ブラシプリセットパネル	181,183
ブラシプリセットピッカー	095
ブラシを定義	173,181
ブレンド条件	109,232
プロファイル変換	078,277

へ

平行調整	075,090
ベクトルマスク	034,066,202,260
ベクトルマスクをラスタライズ	066
べた塗り	114
別名で保存	270,277
ベベルとエンボス	126,152,157,164,178,226,231
変形ツール	052
ペンツール	258

ほ

ポイントを自由変形	264
膨張ツール	061
ぼかし	096,217,261,265
ぼかし（ガウス）	176
ぼけ足	013
補正を消去	273
保存	099

ま

マグネット選択ツール	022
マスクの境界線	025,128,144
マスクを調整	025,129,144
マスクを追加	028

め

明暗別色補正	272
明瞭度	268
面作成ツール	050
面修正ツール	051

も

モノクロ	088

ゆ

ゆがみ	060,142,184
指先ツール	185

よ

横書き文字ツール	059,098,149

ら

ラスタライズ	049

り

輪郭	164
輪郭エディター	212
隣接	237,255

れ

レイヤーがドロップシャドウをノックアウト	123
レイヤーからの新規グループ	136
レイヤーから背景へ	041
レイヤー効果	109,123
レイヤースタイル	039,041,110,122,125,151,152,154,158,164,211,223,226,230
レイヤースタイルをコピー	124,154
レイヤースタイルを追加	146,171,178,208,255
レイヤースタイルをペースト	125,154
レイヤーにクリップ	079
レイヤーの表示／非表示	040,050,088,093,094,102,115,121,128,181,188,205,224
レイヤーマスク	021,028,077,140
レイヤーマスクサムネール	029
レイヤーマスクを追加	024,043,068,083,095,133,137,138,142,226,259
レイヤーマスクを適用	082
レイヤーを作成	147
レイヤーを結合	049
レイヤーを保持	172
レイヤーを読み込む	117
レイヤーをラスタライズ	114,120,218
レベル補正	074,093,106

ろ

露光量	160,162,179,268,272,274

アートディレクション　山川香愛
カバー写真　川上尚見
カバー&本文デザイン　原 真一朗（山川図案室）
本文レイアウト　ピクセルハウス
編集担当　竹内仁志（技術評論社）

著者略歴

ピクセルハウス

本文・イラスト　奈和浩子
写真　　　　　前林正人

イラスト制作・写真撮影・DTP・Web制作等を手がけるグループです。
おもな著書
「速習デザイン Illustrator CS6」
「速習デザイン Illustrator & Photoshop CS6 デザインテクニック」
「世界一わかりやすい Illustrator操作とデザインの教科書」
「世界一わかりやすい Illustrator & Photoshop 操作とデザインの教科書」
（以上、技術評論社）

世界一わかりやすい
Photoshop
プロ技デザインの参考書

2016年5月25日　初版　第1刷発行

著　者　ピクセルハウス
発行者　片岡　巌
発行所　株式会社技術評論社
　　　　東京都新宿区市谷左内町21-13
　　　　電話 03-3513-6150　販売促進部
　　　　　　 03-3513-6166　書籍編集部
印刷／製本　共同印刷株式会社

定価はカバーに表示してあります。
本書の一部または全部を著作権の定める範囲を越え、
無断で複写、複製、転載、データ化することを禁じます。
©2016　ピクセルハウス

造本には細心の注意を払っておりますが、
万一、乱丁（ページの乱れ）や落丁（ページの抜け）がございましたら、
小社販売促進部までお送りください。送料小社負担でお取り替えいたします。
ISBN978-4-7741-8010-6　C3055　Printed in Japan

● お問い合わせに関しまして

本書に関するご質問については、FAXもしくは書面にて、必ず該当ページを明記のうえ、右記にお送りください。電話によるご質問および本書の内容と関係のないご質問につきましては、お答えできかねます。あらかじめ以上のことをご了承のうえ、お問い合わせください。

なお、ご質問の際に記載いただいた個人情報は質問の返答以外の目的には使用いたしません。また、質問の返答後は速やかに削除させていただきます。

宛先
〒162-0846
東京都新宿区市谷左内町21-13
株式会社技術評論社書籍編集部
「世界一わかりやすい Photoshop
　プロ技デザインの参考書」係
FAX:03-3513-6183
URL:http://gihyo.jp/book/

なお、ソフトウェアの不具合や技術的なサポートが必要な場合は、アドビシステムズ株式会社のWebサイト上のサポートページをご利用いただくことをおすすめします。

アドビシステムズ株式会社　ヘルプ&サポート
http://helpx.adobe.com/jp/support.html